スパイラル 数

解答編

1 (1) $\mathbf{3 \in A}$ (2) $\mathbf{6 \notin A}$ (3) $\mathbf{11 \notin A}$

2 (1) $A=\{\mathbf{1,\ 2,\ 3,\ 4,\ 6,\ 12}\}$

(2) $B=\{\mathbf{-2,\ -1,\ 0,\ 1,\ \cdots\cdots}\}$

3 (1) $\mathbf{A \subset B}$

(2) $A=\{2,\ 3,\ 5,\ 7\}$ より $\mathbf{A=B}$

(3) $A=\{3,\ 6,\ 9,\ 12,\ 15,\ 18\}$

$B=\{6,\ 12,\ 18\}$ より $\mathbf{A \supset B}$

4 (1) $\mathbf{\varnothing,\ \{3\},\ \{5\},\ \{3,\ 5\}}$

(2) $\mathbf{\varnothing,\ \{2\},\ \{4\},\ \{6\},\ \{2,\ 4\},\ \{2,\ 6\},\ \{4,\ 6\},\ \{2,\ 4,\ 6\}}$

(3) $\varnothing,\ \{a\},\ \{b\},\ \{c\},\ \{d\},\ \{a,\ b\},\ \{a,\ c\},\ \{a,\ d\},\ \{b,\ c\},\ \{b,\ d\},\ \{c,\ d\},\ \{a,\ b,\ c\},\ \{a,\ b,\ d\},\ \{a,\ c,\ d\},\ \{b,\ c,\ d\},\ \{a,\ b,\ c,\ d\}$

5 (1) $A \cap B=\{\mathbf{3,\ 5,\ 7}\}$

(2) $A \cup B=\{\mathbf{1,\ 2,\ 3,\ 5,\ 7}\}$

(3) $B \cup C=\{\mathbf{2,\ 3,\ 4,\ 5,\ 7}\}$

(4) $A \cap C=\varnothing$

6 下の図から

(1) $A \cap B=\{x \mid -1<x<4,\ x\text{ は実数}\}$

(2) $A \cup B=\{x \mid -3<x<6,\ x\text{ は実数}\}$

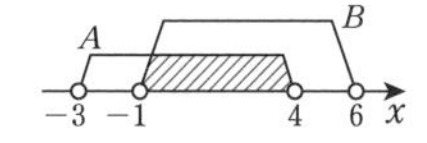

7 (1) $\overline{A}=\{\mathbf{7,\ 8,\ 9,\ 10}\}$

(2) $\overline{B}=\{\mathbf{1,\ 2,\ 3,\ 4,\ 9,\ 10}\}$

(1)

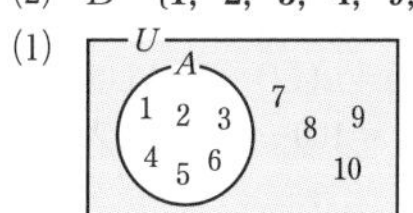

(2)

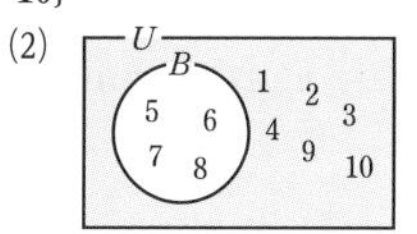

8 (1) $A \cap B=\{1,\ 3\}$ より

$\overline{A \cap B}=\{\mathbf{2,\ 4,\ 5,\ 6,\ 7,\ 8,\ 9,\ 10}\}$

(2) $A \cup B=\{1,\ 2,\ 3,\ 5,\ 6,\ 7,\ 9\}$ より

$\overline{A \cup B}=\{\mathbf{4,\ 8,\ 10}\}$

(3) $\overline{A}=\{2,\ 4,\ 6,\ 8,\ 10\}$ より

$\overline{A} \cup B=\{\mathbf{1,\ 2,\ 3,\ 4,\ 6,\ 8,\ 10}\}$

(4) $\overline{B}=\{4,\ 5,\ 7,\ 8,\ 9,\ 10\}$ より

$A \cap \overline{B}=\{\mathbf{5,\ 7,\ 9}\}$

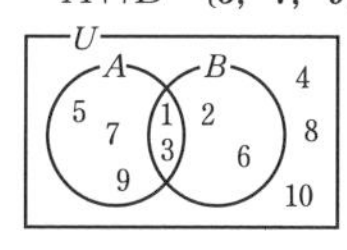

9 (1) $A=\{\mathbf{2,\ 4,\ 6,\ 8,\ 10,\ 12,\ 14,\ 16,\ 18}\}$

(2) $A=\{\mathbf{0,\ 1,\ 4}\}$

10 (1) $A=\{4,\ 8\}$, $B=\{2,\ 4,\ 6,\ 8\}$ より

$A \cap B=\{\mathbf{4,\ 8}\}$

$A \cup B=\{\mathbf{2,\ 4,\ 6,\ 8}\}$

(2) $A=\{3,\ 6,\ 9,\ 12,\ 15,\ 18\}$

$B=\{2,\ 5,\ 8,\ 11,\ 14,\ 17\}$ より

$A \cap B=\varnothing$

$A \cup B=\{\mathbf{2,\ 3,\ 5,\ 6,\ 8,\ 9,\ 11,\ 12,\ 14,\ 15,\ 17,\ 18}\}$

11 $U=\{10,\ 11,\ 12,\ 13,\ 14,\ 15,\ 16,\ 17,\ 18,\ 19,\ 20\}$

$A=\{12,\ 15,\ 18\}$

$B=\{10,\ 15,\ 20\}$ であるから

(1) $\overline{A}=\{\mathbf{10,\ 11,\ 13,\ 14,\ 16,\ 17,\ 19,\ 20}\}$

(2) $A \cap B=\{\mathbf{15}\}$

(3) $\overline{A} \cap B=\{\mathbf{10,\ 20}\}$

(4) $\overline{A} \cup \overline{B}=\overline{A \cap B}$

$=\{\mathbf{10,\ 11,\ 12,\ 13,\ 14,\ 16,\ 17,\ 18,\ 19,\ 20}\}$

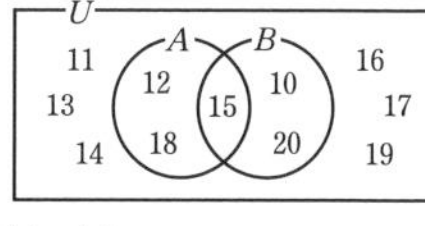

12 (1) 70 以下の自然数のうち，7 の倍数の集合をAとすると

$A=\{7\times1,\ 7\times2,\ 7\times3,\ \cdots\cdots,\ 7\times10\}$

であるから

$n(A)=\mathbf{10}$

(2) 70 以下の自然数のうち，6 の倍数の集合をB

とすると
$B=\{6\times1,\ 6\times2,\ 6\times3,\ \cdots\cdots,\ 6\times11\}$
であるから
$n(B)=\mathbf{11}$

13 $n(A)=5$, $n(B)=5$
また,
$A\cap B=\{1,\ 3,\ 5\}$ より
$n(A\cap B)=3$
よって
$n(A\cup B)=n(A)+n(B)-n(A\cap B)$
$=5+5-3=\mathbf{7}$

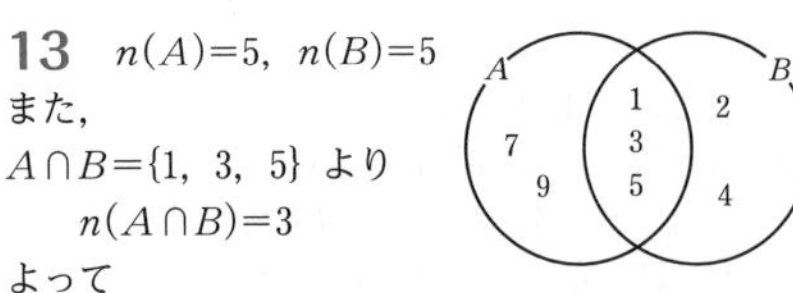

14 (1) 80 以下の自然数のうち 3 の倍数の集合を A, 5 の倍数の集合を B とすると 3 の倍数かつ 5 の倍数の集合は $A\cap B$ であり, 3 と 5 の最小公倍数 15 の倍数の集合である。

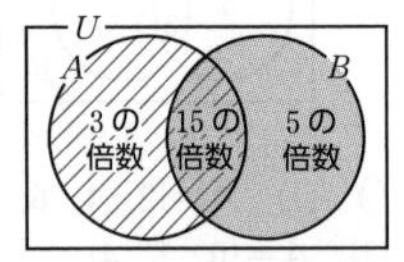

$A\cap B=\{15\times1,\ 15\times2,\ 15\times3,\ 15\times4,\ 15\times5\}$
であるから, 求める個数は
$n(A\cap B)=\mathbf{5}$ **(個)**

(2) 80 以下の自然数のうち 6 の倍数の集合を A, 8 の倍数の集合を B とすると
6 の倍数または 8 の倍数の集合は $A\cup B$ であり, 6 と 8 の最小公倍数は 24 であるから, $A\cap B$ は 24 の倍数の集合である。

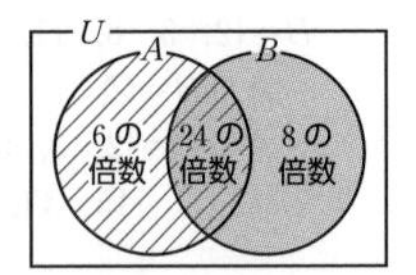

$A=\{6\times1,\ 6\times2,\ 6\times3,\ \cdots\cdots,\ 6\times13\}$
$B=\{8\times1,\ 8\times2,\ 8\times3,\ \cdots\cdots,\ 8\times10\}$
$A\cap B=\{24\times1,\ 24\times2,\ 24\times3\}$
より $n(A)=13$, $n(B)=10$, $n(A\cap B)=3$
であるから, 求める個数は
$n(A\cup B)=n(A)+n(B)-n(A\cap B)$
$=13+10-3=\mathbf{20}$ **(個)**

15 80 以下の自然数を全体集合 U とすると
$n(U)=80$
(1) U の部分集合で, 8 で割り切れる数の集合を A とすると
$A=\{8\times1,\ 8\times2,\ 8\times3,\ \cdots\cdots,\ 8\times10\}$
より $n(A)=10$
8 で割り切れない数の集合は $\overline{A}$ であるから, 求める個数は

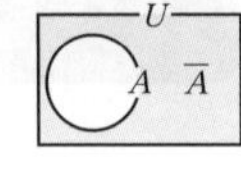

$n(\overline{A})=n(U)-n(A)$
$=80-10=\mathbf{70}$ **(個)**

(2) U の部分集合で, 13 で割り切れる数の集合を B とすると
$B=\{13\times1,\ 13\times2,\ 13\times3,\ \cdots\cdots,\ 13\times6\}$
より $n(B)=6$
13 で割り切れない数の集合は $\overline{B}$ であるから, 求める個数は

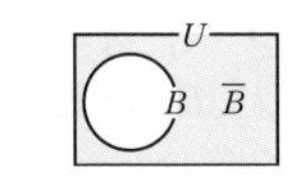

$n(\overline{B})=n(U)-n(B)$
$=80-6=\mathbf{74}$ **(個)**

16 (1) $A=\{3\times1,\ 3\times2,\ 3\times3,\ \cdots\cdots,\ 3\times33\}$
であるから $n(A)=\mathbf{33}$
(2) $B=\{4\times1,\ 4\times2,\ 4\times3,\ \cdots\cdots,\ 4\times25\}$
であるから $n(B)=\mathbf{25}$
(3) $A\cap B$ は 3 の倍数かつ 4 の倍数, すなわち 12 の倍数の集合である。
$A\cap B=\{12\times1,\ 12\times2,\ 12\times3,\ \cdots\cdots,\ 12\times8\}$
であるから
$n(A\cap B)=\mathbf{8}$
(4) $n(A\cup B)=n(A)+n(B)-n(A\cap B)$
$=33+25-8=\mathbf{50}$

17 100 人の生徒全体の集合を U とし, その部分集合で, 本 a を読んだ生徒の集合を A, 本 b を読んだ生徒の集合を B とすると
$n(U)=100$, $n(A)=72$, $n(B)=60$
$n(A\cap B)=45$
(1) a または b を読んだ生徒の集合は $A\cup B$ と表されるから, 求める生徒の人数は
$n(A\cup B)=n(A)+n(B)-n(A\cap B)$
$=72+60-45=\mathbf{87}$ **(人)**
(2) a も b も読まなかった生徒の集合は $\overline{A}\cap\overline{B}$ で表される。ド・モルガンの法則より
$\overline{A}\cap\overline{B}=\overline{A\cup B}$
であるから, 求める生徒の人数は
$n(\overline{A}\cap\overline{B})=n(\overline{A\cup B})=n(U)-n(A\cup B)$
$=100-87=\mathbf{13}$ **(人)**

18 ド・モルガンの法則より $\overline{A}\cup\overline{B}=\overline{A\cap B}$
よって
$n(\overline{A}\cup\overline{B})=n(\overline{A\cap B})=n(U)-n(A\cap B)$
$=50-19=\mathbf{31}$

19 $n(A\cup B)=n(U)-n(\overline{A\cup B})$
$=70-10=60$
ここで，$n(A\cup B)=n(A)+n(B)-n(A\cap B)$
が成り立つから
$60=30+35-n(A\cap B)$
より　$n(A\cap B)=30+35-60=\mathbf{5}$

20 100以下の自然数の集合を U とする。
$A=\{6\times1,\ 6\times2,\ 6\times3,\ \cdots\cdots,\ 6\times16\}$
$B=\{7\times1,\ 7\times2,\ 7\times3,\ \cdots\cdots,\ 7\times14\}$
$A\cap B$ は6の倍数かつ7の倍数，すなわち42の倍数の集合であり
$A\cap B=\{42\times1,\ 42\times2\}$
よって　$n(U)=100,\ n(A)=16,\ n(B)=14,$
$n(A\cap B)=2$
(1) $n(A\cup B)=n(A)+n(B)-n(A\cap B)$
$=16+14-2=28$
より　$n(\overline{A\cup B})=n(U)-n(A\cup B)$
$=100-28=\mathbf{72}$
(2) $A\cap\overline{B}$ は右の図の斜線部分であるから
$n(A\cap\overline{B})$
$=n(A)-n(A\cap B)$
$=16-2=\mathbf{14}$

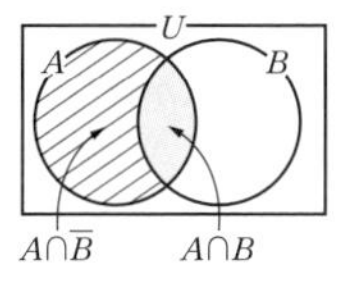

(3) ド・モルガンの法則より　$\overline{A}\cap\overline{B}=\overline{A\cup B}$
よって，(1)より
$n(\overline{A}\cap\overline{B})=n(\overline{A\cup B})=\mathbf{72}$

21 60以上200以下の自然数の集合を全体集合 U とし，U の部分集合で，3の倍数の集合を A，4の倍数の集合を B とすると
$A=\{3\times20,\ 3\times21,\ 3\times22,\ \cdots\cdots,\ 3\times66\}$
$B=\{4\times15,\ 4\times16,\ 4\times17,\ \cdots\cdots,\ 4\times50\}$
(1) 3でも4でも割り切れる数の集合は $A\cap B$ であり，12の倍数の集合である。
$A\cap B=\{12\times5,\ 12\times6,\ 12\times7,\ \cdots\cdots,\ 12\times16\}$
であるから，求める個数は
$n(A\cap B)=16-5+1=\mathbf{12}$ **(個)**
(2) 3と4の少なくとも一方で割り切れる数の集合は，3の倍数または4の倍数の集合であり，$A\cup B$ である。
$n(A)=66-20+1=47$
$n(B)=50-15+1=36$
$n(A\cap B)=12$
であるから，求める個数は
$n(A\cup B)=n(A)+n(B)-n(A\cap B)$
$=47+36-12=\mathbf{71}$ **(個)**

22 320人の生徒全体の集合を U とし，その部分集合で，本aを読んだ生徒の集合を A，本bを読んだ生徒の集合を B とすると
$n(U)=320,\ n(A)=115,\ n(B)=80$
aだけを読んだ生徒の集合は $A\cap\overline{B}$ であり，
$n(A\cap\overline{B})=92$ より
$n(A\cap B)=n(A)-n(A\cap\overline{B})=115-92=23$
また　$n(A\cup B)=n(A)+n(B)-n(A\cap B)$
$=115+80-23=172$
aもbも読まなかった生徒の集合は $\overline{A}\cap\overline{B}$ で表され，ド・モルガンの法則より
$\overline{A}\cap\overline{B}=\overline{A\cup B}$
よって，求める生徒の人数は
$n(\overline{A\cup B})=n(U)-n(A\cup B)$
$=320-172=\mathbf{148}$ **(人)**

23 500以下の自然数のうち，4の倍数の集合を A，6の倍数の集合を B，7の倍数の集合を C とすると
$A=\{4\times1,\ 4\times2,\ 4\times3,\ \cdots\cdots,\ 4\times125\}$
$B=\{6\times1,\ 6\times2,\ 6\times3,\ \cdots\cdots,\ 6\times83\}$
$C=\{7\times1,\ 7\times2,\ 7\times3,\ \cdots\cdots,\ 7\times71\}$
より　$n(A)=125,\ n(B)=83,\ n(C)=71$
また，4の倍数かつ6の倍数，すなわち4と6の最小公倍数12の倍数の集合は
$A\cap B=\{12\times1,\ 12\times2,\ 12\times3,\ \cdots\cdots,\ 12\times41\}$
6の倍数かつ7の倍数，すなわち6と7の最小公倍数42の倍数の集合は
$B\cap C=\{42\times1,\ 42\times2,\ 42\times3,\ \cdots\cdots,\ 42\times11\}$
7の倍数かつ4の倍数，すなわち7と4の最小公倍数28の倍数の集合は
$C\cap A=\{28\times1,\ 28\times2,\ 28\times3,\ \cdots\cdots,\ 28\times17\}$
よって
$n(A\cap B)=41,\ n(B\cap C)=11,\ n(C\cap A)=17$
さらに，4の倍数かつ6の倍数かつ7の倍数，すなわち4, 6, 7の最小公倍数84の倍数の集合は
$A\cap B\cap C=\{84\times1,\ 84\times2,\ 84\times3,\ 84\times4,\ 84\times5\}$
より　$n(A\cap B\cap C)=5$
したがって
$n(A\cup B\cup C)=n(A)+n(B)+n(C)$
$-n(A\cap B)-n(B\cap C)$
$-n(C\cap A)+n(A\cap B\cap C)$
$=125+83+71-41-11-17+5$
$=215$

よって，求める自然数の個数は　**215 個**

24

考え方　$n(A) \leqq n(A \cup B) \leqq n(U)$ が成り立つことを用いる。

40 人の生徒全体の集合を U，通学に電車を使う生徒の集合を A，通学にバスを使う生徒の集合を B とすると

$n(U)=40$，$n(A)=25$，$n(B)=23$

電車とバスの両方を使う生徒の集合は $A \cap B$ であり，$n(A \cap B)=x$ である。

$n(A)>n(B)$ であるから

x の値の範囲を求めるには，

$n(A) \leqq n(A \cup B) \leqq n(U)$

の関係を用いればよい。

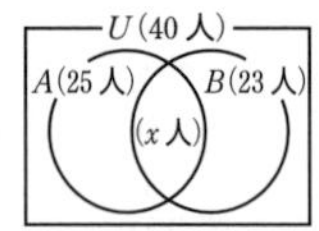

$n(A \cup B)$

$=n(A)+n(B)-n(A \cap B)$

$=25+23-x=48-x$

よって　　$25 \leqq 48-x \leqq 40$

$25 \leqq 48-x$ より　　$x \leqq 23$

$48-x \leqq 40$ より　　$8 \leqq x$

したがって，x の値のとり得る範囲は

$\boldsymbol{8 \leqq x \leqq 23}$

25

樹形図をかくと，次のようになる。

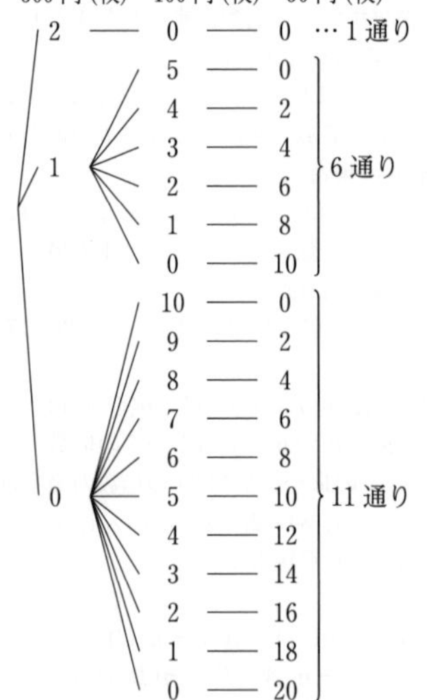

よって　　$1+6+11=$**18（通り）**

26

樹形図をかくと，次のようになる。

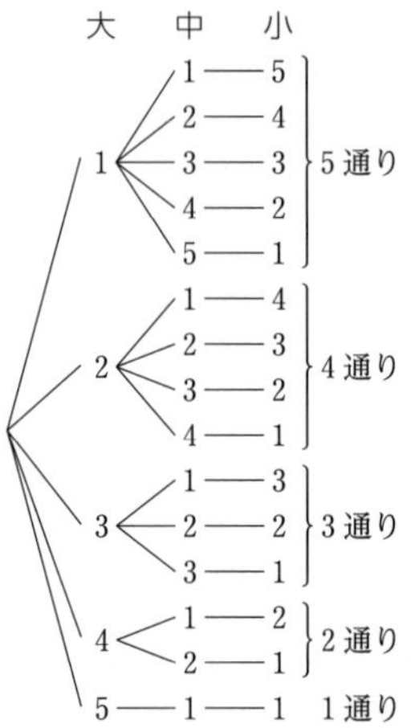

よって　　$5+4+3+2+1=$**15（通り）**

27

A が勝つことを A，B が勝つことを B，A の優勝をⒶ，B の優勝をⒷと表すことにして樹形図をかくと，次のようになる。

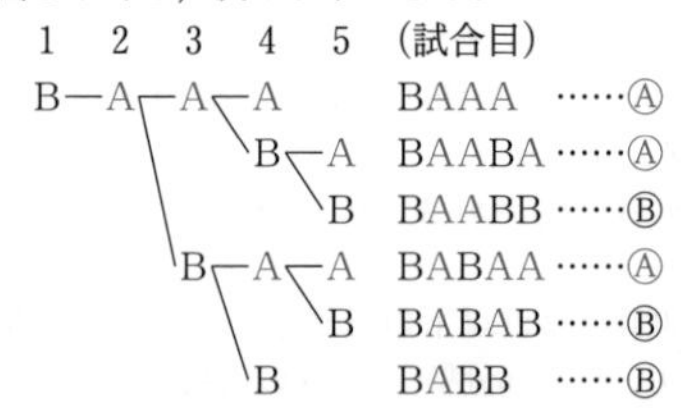

よって，勝敗のつき方は　**6 通り**

28

1 回目，2 回目のさいころの目の和の表をつくると，右のようになる。

1回＼2回	⚀	⚁	⚂	⚃	⚄	⚅
⚀	2	3	4	5	6	7
⚁	3	4	5	6	7	8
⚂	4	5	6	7	8	9
⚃	5	6	7	8	9	10
⚄	6	7	8	9	10	11
⚅	7	8	9	10	11	12

(1)　3 の倍数となる目の和は 3，6，9，12 であり，3 となるのは 2 通り，6 となるのは 5 通り，9 となるのは 4 通り，12 となるのは 1 通り。これらは同時には起こらないから

$2+5+4+1=$**12（通り）**

(2)　7 以下となる目の和は 2，3，4，5，6，7 であり，それぞれ 1，2，3，4，5，6 通りある。これらは同時には起こらないから

$1+2+3+4+5+6=$ **21（通り）**

29　パンの選び方が3通りあり，そのそれぞれについて飲み物の選び方が4通りずつある。よって，選び方の総数は，積の法則より

$3\times4=$ **12（通り）**

30　色の選び方が5通りあり，そのそれぞれについてインテリアの選び方が3通りずつある。よって，選び方の総数は，積の法則より

$5\times3=$ **15（通り）**

31　A高校からB高校への行き方が5通りあり，そのそれぞれについて，B高校からC高校への行き方が4通りずつある。よって，行き方の総数は，積の法則より

$5\times4=$ **20（通り）**

32　(1)　大，中のさいころの目の出方が2，4，6の3通りずつあり，小のさいころの目の出方が2，3，4，5，6の5通りあるから，積の法則より

$3\times3\times5=$ **45（通り）**

(2)　素数は2，3，5の3通り。大中小どのさいころも目の出方が3通りずつあるから，積の法則より

$3\times3\times3=$ **27（通り）**

33　まず，0円の場合も含めて考える。

(i)　500円硬貨を使うとき

100円硬貨の使い方が0円，100円，200円，300円，400円，500円の6通り。

10円硬貨の使い方が0円，10円，20円，30円，40円の5通り。

よって，積の法則より　$6\times5=30$（通り）

(ii)　500円硬貨を使わないとき

(i)と同じく30通りあるが，100円硬貨を5枚使う5通りは，(i)の場合に含まれる。

(i)，(ii)をあわせた55通りの中には，0円の場合も含まれているから，求める場合の数は

$55-1=$ **54（通り）**

別解　まず，0円の場合も含めて考える。

500円硬貨1枚と100円硬貨5枚で支払える金額は，0円から1000円まで100円きざみの11通り。そのそれぞれについて，10円硬貨の使い方が5通りずつあるから　$11\times5=55$（通り）

この中には，0円の場合も含まれているから，求める場合の数は

$55-1=$ **54（通り）**

34　それぞれのかっこの中から1つの項を選んで積をつくればよい。

(1)　項の選び方は，それぞれ3通り，4通りであるから　$3\times4=$ **12（項）**

(2)　項の選び方は，それぞれ2通り，3通り，4通りであるから　$2\times3\times4=$ **24（項）**

35　(1)　奇数は1，3，5，7，9の5通りあるから

百	十	一
5通り	5通り	5通り

$5\times5\times5=$ **125（個）**

(2)　偶数は0，2，4，6，8の5通りあるが，百の位に0は入らないから

百	十	一
4通り	5通り	5通り

$4\times5\times5=$ **100（個）**

36　(1)　目の積が奇数となるのは（奇数，奇数，奇数）のときであり，奇数の目は1，3，5の3通りであるから

$3\times3\times3=$ **27（通り）**

(2)　目の和が偶数となるのは（偶，偶，偶），（奇，奇，偶），（奇，偶，奇），（偶，奇，奇）のときであり，偶数の目は2，4，6の3通り，奇数の目も1，3，5の3通りである。

（偶，偶，偶）の場合は　$3\times3\times3=27$（通り）

（奇，奇，偶），（奇，偶，奇），（偶，奇，奇）の場合もそれぞれ　$3\times3\times3=27$（通り）

よって　$27+27\times3=$ **108（通り）**

(3)　積が100を超えるのは

$6\times6\times6=216$，$6\times6\times5=180$

$6\times6\times4=144$，$6\times6\times3=108$

$6\times5\times5=150$，$6\times5\times4=120$

$5\times5\times5=125$

の場合である。

(i)　$6\times6\times6$ の場合

（大，中，小）＝(6，6，6)　の1通り

(ii)　$6\times6\times5$ の場合

(6，6，5)，(6，5，6)，(5，6，6)　の3通り

(iii)　$6\times6\times4$，$6\times6\times3$，$6\times5\times5$ の場合

$6\times6\times5$ の場合と同様に，それぞれ3通り

(iv)　$6\times5\times4$ の場合

(6，5，4)，(6，4，5)，(5，6，4)，

(5，4，6)，(4，5，6)，(4，6，5)　の6通り

(v)　$5\times5\times5$ の場合

(5, 5, 5) の1通り

よって，和の法則より

$1+3\times4+6+1=$**20（通り）**

37

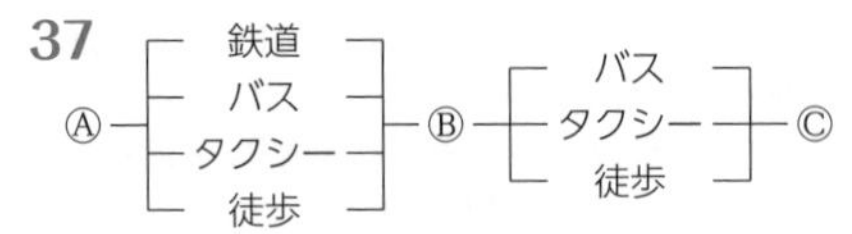

(1)　A市からB市へ行くのに4通り，帰りは行きの手段は使わないから3通り

よって　$4\times3=$**12（通り）**

(2)　(i)　A市からB市へ鉄道を使う場合

B市からC市へは3通り

C市からB市へもどるのに2通り

よって　$3\times2=6$（通り）

(ii)　A市からB市へ鉄道を使わない場合

A市からB市へは3通り

B市からC市へは2通り

C市からB市へもどるのに1通り

よって　$3\times2\times1=6$（通り）

(i), (ii)より，求める行き方は

$6+6=$**12（通り）**

38

たとえば，出席番号5の人が5の数字が書かれたカードを選んだとする。このとき，出席番号1, 2, 3, 4の人が，1, 2, 3, 4のカードから自分の番号と異なる数字のカードを選ぶ選び方は

（1番の人）（2番の人）（3番の人）（4番の人）

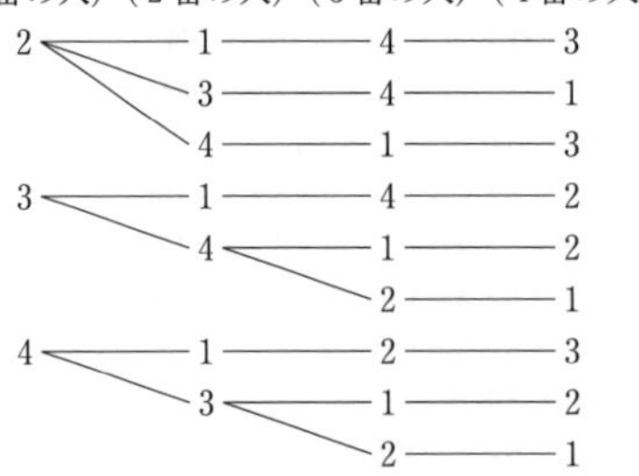

の9通りである。

同じ数字のカードを選ぶ人の番号が1, 2, 3, 4の場合も，それぞれ9通りずつあるから

$9\times5=$**45（通り）**

39

(1)　$27=3^3$ より，正の約数は

1, 3, 3^2, 3^3 の**4個**

(2)　$96=2^5\times3$

2^5 の正の約数は1, 2, 2^2, 2^3, 2^4, 2^5 の6個あり，3の正の約数は1, 3の2個ある。

よって，96の正の約数の個数は，積の法則より

$6\times2=$**12（個）**

(3)　$216=2^3\times3^3$

2^3 の正の約数は1, 2, 2^2, 2^3 の4個あり，3^3 の正の約数は1, 3, 3^2, 3^3 の4個ある。

よって，216の正の約数の個数は，積の法則より

$4\times4=$**16（個）**

(4)　$540=2^2\times3^3\times5$

540の正の約数は，(1, 2, 2^2) の1つと (1, 3, 3^2, 3^3) の1つと (1, 5) の1つの積で表される。

よって，540の正の約数の個数は

$3\times4\times2=$**24（個）**

40

(1)　$_4P_2=4\cdot3=$**12**

(2)　$_5P_5=5!=5\cdot4\cdot3\cdot2\cdot1=$**120**

(3)　$_6P_5=6\cdot5\cdot4\cdot3\cdot2=$**720**

(4)　$_7P_1=$**7**

41

5人の中から3人を選んで並べる並べ方の総数は

$_5P_3=5\cdot4\cdot3$

$=$**60（通り）**

42

9個のものから4個取る順列の総数であるから

千の位	百の位	十の位	一の位
9通り	8通り	7通り	6通り

$_9P_4=9\cdot8\cdot7\cdot6$

$=$**3024（通り）**

43

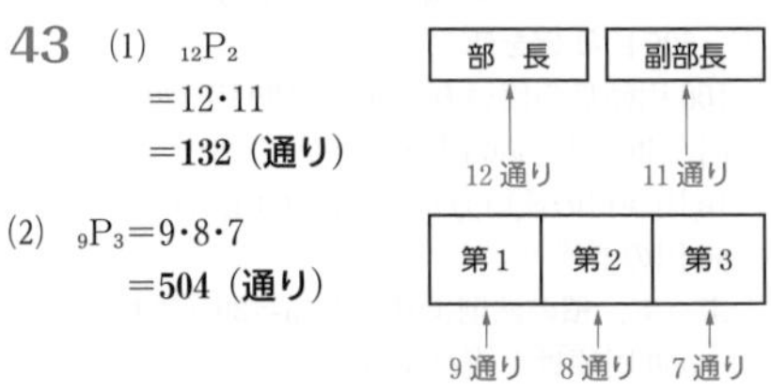

(1)　$_{12}P_2$

$=12\cdot11$

$=$**132（通り）**

(2)　$_9P_3=9\cdot8\cdot7$

$=$**504（通り）**

(3)　$_{12}P_4$

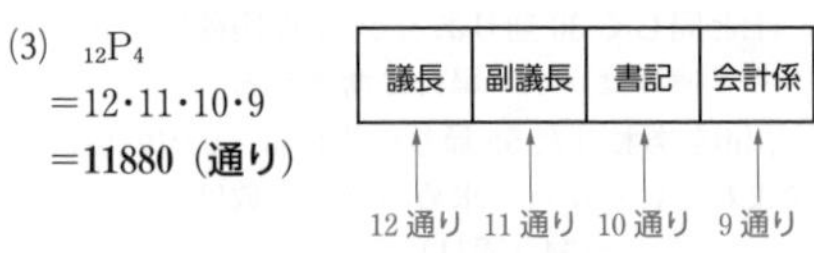

$=12\cdot11\cdot10\cdot9$

$=$**11880（通り）**

44

5桁の整数の総数は

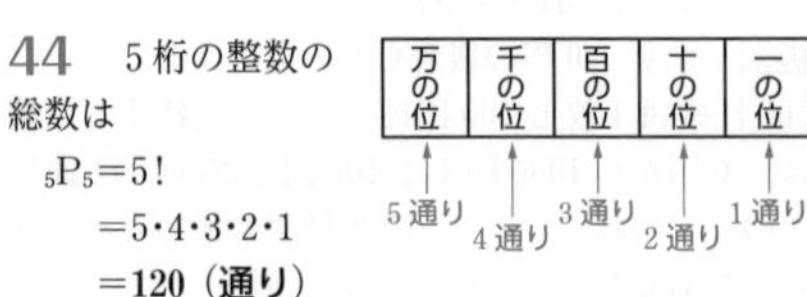

$_5P_5=5!$

$=5\cdot4\cdot3\cdot2\cdot1$

$=$**120（通り）**

45 (1) 一の位が偶数であればよいから，2, 4, 6 の 3 通り。残りの 5 枚のカードを百の位，十の位に並べればよいから $_5P_2$ 通り。よって，積の法則より

$3\times{}_5P_2=3\times5\cdot4=$**60（通り）**

(2) 一の位が奇数であればよいから，1, 3, 5 の 3 通り。残りの 5 枚のカードを千の位，百の位，十の位に並べればよいから $_5P_3$ 通り。よって，積の法則より

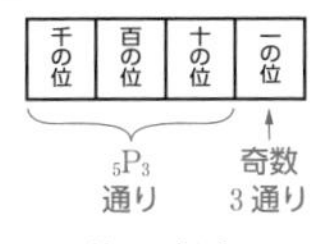

$3\times{}_5P_3=3\times5\cdot4\cdot3=$**180（通り）**

46 異なる 7 個のものの円順列であるから

$(7-1)!=6!=$**720（通り）**

47 (1) ○，×の 2 個のものから 6 個取る重複順列であるから

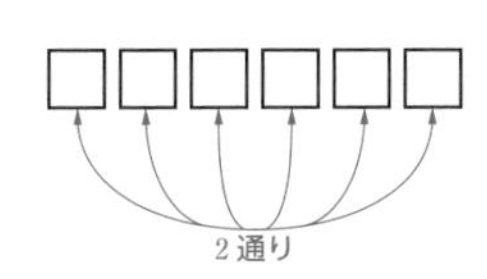

$2^6=$**64（通り）**

(2) 2 人を A，B とするとき，それぞれ 3 通りの出し方があるから，3 個のものから 2 個取る重複順列である。よって

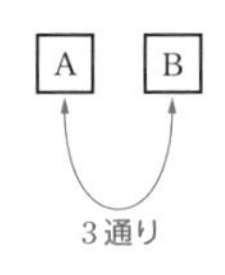

$3^2=$**9（通り）**

(3) 各桁にそれぞれ 3 通りずつ並べ方があるから，3 個のものから 5 個取る重複順列である。よって

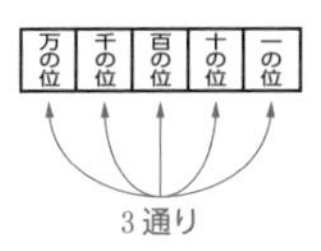

$3^5=$**243（通り）**

48 (1) 百の位は 0 以外の 6 通り。十の位，一の位に残りの 6 枚から 2 枚を選んで並べればよい。よって，積の法則より

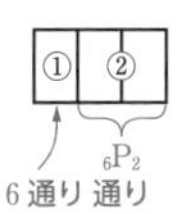

$6\times{}_6P_2=6\times6\cdot5$

$=$**180（通り）**

(2) 一の位は奇数 1, 3, 5 の 3 通り，百の位は一の位の数字と 0 を除いた 5 通り，十の位は残りの 5 通りであるから，積の法則より

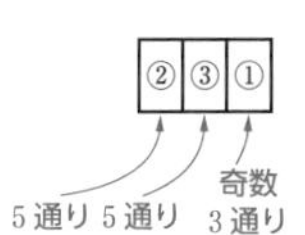

$3\times5\times5=$**75（通り）**

(3) 一の位が 0 のとき，残りの 6 枚から 2 枚を取る順列であるから，積の法則より

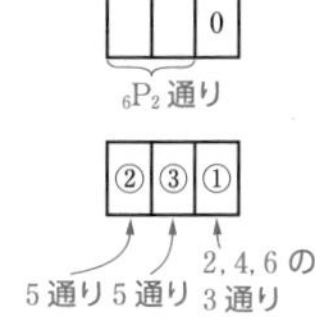

$_6P_2=6\cdot5=30$

一の位が 2, 4, 6 のとき，百の位は一の位の数字と 0 を除いた残りの 5 通り，十の位は百の位と一の位の数字を除いた残りの 5 通りであるから，積の法則より

$3\times5\times5=75$

よって　$30+75=$**105（通り）**

別解 (1)より，整数全体が 180 通り，(2)より奇数が 75 通りであり，残りが偶数であるから

$180-75=$**105（通り）**

(4) 一の位が 0 のとき

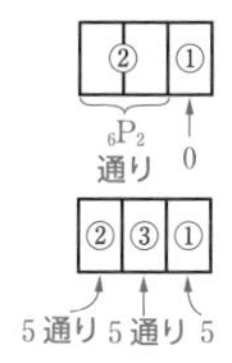

$_6P_2=6\cdot5=30$

一の位が 5 のとき，百の位は 0, 5 を除く 5 通り，十の位は残りの 5 通りであるから，積の法則より

$5\times5=25$

よって　$30+25=$**55（通り）**

49 (1) 女子 4 人のうち両端にくる女子 2 人の並び方は $_4P_2$ 通り。

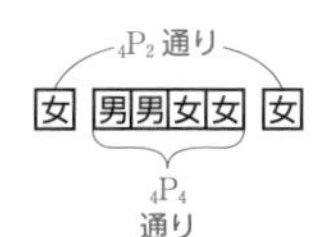

このそれぞれの場合について，残りの男女 4 人が 1 列に並ぶ並び方は $_4P_4$ 通り。

よって，積の法則より

$_4P_2\times{}_4P_4=12\times24=$**288（通り）**

(2) 女子 4 人をひとまとめにして 1 人と考えると，3 人の並び方は $_3P_3$ 通り。

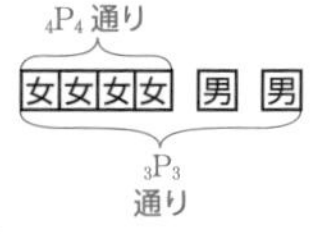

それぞれの場合について，女子 4 人の並び方は $_4P_4$ 通り。

よって，積の法則より

$_3P_3\times{}_4P_4=6\times24=$**144（通り）**

(3) すべての並び方は

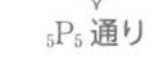

$_6P_6=720$（通り）

男子 2 人が隣り合う並び方は，男子 2 人をひとまとめにして 1 人と考えて

$_5P_5\times{}_2P_2=120\times2=240$

よって，男子 2 人が隣り合わない並び方は

$720-240=\mathbf{480}$ **(通り)**

別解　女子4人の並び方は$_4P_4$通り。女子の間と両端の5か所から2か所を選んで男子2人が並ぶ並び方は$_5P_2$通り。

よって　$_4P_4\times{}_5P_2=24\times20=\mathbf{480}$ **(通り)**

50　(1)　異なる6文字の順列であるから

$_6P_6=\mathbf{720}$ **(通り)**

(2)　SとLの並び方は$_2P_2$通り，他の4つの文字の並び方は$_4P_4$通りであるから，積の法則より

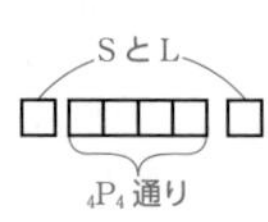

$_2P_2\times{}_4P_4=2\times24=\mathbf{48}$ **(通り)**

(3)　SとPをひとまとめにして考えて

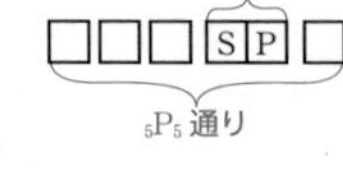

$_5P_5\times{}_2P_2=120\times2$

$=\mathbf{240}$ **(通り)**

51　千の位の数字は1，2，3の3通り，百の位，十の位，一の位の数字は0を含めた4通りであるから

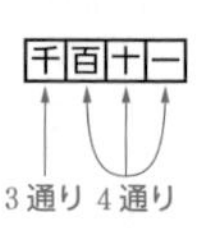

$3\times4^3=\mathbf{192}$ **(通り)**

52

> 考え方　(2)　先生2人をひとまとめにして1人と考える。
> (3)　1人の先生の席を固定する。

(1)　異なる6個のものの円順列であるから，

$(6-1)!=5!=\mathbf{120}$ **(通り)**

(2)　先生2人をひとまとめにして1人と考えると，異なる5個のものの円順列であるから，座り方は

$(5-1)!=4!=24$ (通り)

このそれぞれの場合について，先生2人の並び方が$_2P_2=2!=2$ (通り)

$(5-1)!\times{}_2P_2=24\times2=\mathbf{48}$ **(通り)**

(3)　まず，1人の先生の席を固定すると，もう1人の先生の席は1つに決まる。

生徒4人は，残りの4つの席に座ればよいから，求める座り方の総数は

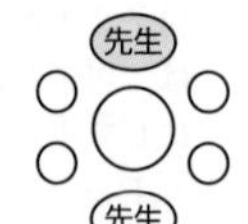

$_4P_4=\mathbf{24}$ **(通り)**

53　5人の部屋の選び方はそれぞれ2通りずつあるから2^5通り。ただし，この中には5人全員がA，5人全員がBの2通りを含むから

$2^5-2=32-2$

$=\mathbf{30}$ **(通り)**

54　(1)　$_5C_2=\dfrac{5\cdot4}{2\cdot1}=\mathbf{10}$

(2)　$_6C_3=\dfrac{6\cdot5\cdot4}{3\cdot2\cdot1}=\mathbf{20}$

(3)　$_8C_1=\dfrac{8}{1}=\mathbf{8}$

(4)　$_7C_7=\dfrac{7\cdot6\cdot5\cdot4\cdot3\cdot2\cdot1}{7\cdot6\cdot5\cdot4\cdot3\cdot2\cdot1}=\mathbf{1}$

55　(1)　10個のものから5個取る組合せであるから

$_{10}C_5=\dfrac{10\cdot9\cdot8\cdot7\cdot6}{5\cdot4\cdot3\cdot2\cdot1}=\mathbf{252}$ **(通り)**

(2)　12個のものから4個取る組合せであるから

$_{12}C_4=\dfrac{12\cdot11\cdot10\cdot9}{4\cdot3\cdot2\cdot1}=\mathbf{495}$ **(通り)**

56　(1)　$_8C_6={}_8C_2=\dfrac{8\cdot7}{2\cdot1}=\mathbf{28}$

(2)　$_{10}C_9={}_{10}C_1=\dfrac{10}{1}=\mathbf{10}$

(3)　$_{12}C_{10}={}_{12}C_2=\dfrac{12\cdot11}{2\cdot1}=\mathbf{66}$

(4)　$_{14}C_{11}={}_{14}C_3=\dfrac{14\cdot13\cdot12}{3\cdot2\cdot1}=\mathbf{364}$

57　(1)　5個の頂点から3個の頂点を選んで結ぶと1個の三角形ができるから

$_5C_3={}_5C_2=\mathbf{10}$ **(個)**

(2)　5個の頂点から2個の頂点を選んで結ぶと，正五角形の対角線または辺となる。正五角形の辺は5本あるから，対角線の本数は

$_5C_2-5=10-5=\mathbf{5}$ **(本)**

別解　頂点は5個あり，1個の頂点から対角線は2本ずつ引くことができる。しかし，たとえばAからCへ引く対角線とCからAへ引く対角線は同じものであるから，求める本数は

$\dfrac{2\times5}{2}=\mathbf{5}$ **(本)**

58 男子 7 人から 2 人を選ぶ選び方は $_7C_2$ 通り。このそれぞれの場合について，女子 5 人から 3 人を選ぶ選び方は $_5C_3$ 通りずつある。よって，選び方の総数は，積の法則より

$$_7C_2\times{}_5C_3=21\times10=\mathbf{210}\ \textbf{(通り)}$$

59 (1) 7 枚のカードの中に，1が 3 枚，2が 2 枚，3が 2 枚あるから

$$\frac{7!}{3!2!2!}=\mathbf{210}\ \textbf{(通り)}$$

別解 7 か所から 3 か所を選んで1を並べ，残りの 4 か所から 2 か所を選んで2を並べ，残りの 2 か所に3を並べる並べ方であるから

$$_7C_3\times{}_4C_2\times{}_2C_2=35\times6\times1=\mathbf{210}\ \textbf{(通り)}$$

(2) 8 個の文字の中に a が 4 個，b が 2 個，c が 2 個あるから

$$\frac{8!}{4!2!2!}=\mathbf{420}\ \textbf{(通り)}$$

別解 8 か所から 4 か所を選んで a を並べ，残りの 4 か所から 2 か所を選んで b を並べ，残りの 2 か所に c を並べる並べ方であるから

$$_8C_4\times{}_4C_2\times{}_2C_2=70\times6\times1=\mathbf{420}\ \textbf{(通り)}$$

60 8 チームから 2 チームを選んで対戦させればよいから

$$_8C_2=\mathbf{28}\ \textbf{(試合)}$$

61 副委員長の選び方は $_6C_1\times{}_6C_1$ 通り，委員長は残りの 10 人から 1 人を選び，書記は残りの 9 人から 1 人を選べばよい。よって

$$({}_6C_1\times{}_6C_1)\times{}_{10}C_1\times{}_9C_1=6\times6\times10\times9=\mathbf{3240}\ \textbf{(通り)}$$

別解 副委員長の選び方は上と同じ。委員長と書記については，10 人から 2 人を選んで並べて，1 番目の人を委員長に，2 番目の人を書記にすればよい。よって，選び方の総数は

$$({}_6C_1\times{}_6C_1)\times{}_{10}P_2=6\times6\times10\times9=\mathbf{3240}\ \textbf{(通り)}$$

62 (1) 男子 5 人から 2 人，女子 7 人から 3 人を選ぶから

$$_5C_2\times{}_7C_3=10\times35=\mathbf{350}\ \textbf{(通り)}$$

(2) A を除く 11 人から残りの 4 人を選べばよいから

$$_{11}C_4=\mathbf{330}\ \textbf{(通り)}$$

(3) 12 人全員から 5 人の委員を選ぶ選び方は $_{12}C_5$ 通り。このうち，5 人の委員が全員女子となる選び方は $_7C_5$ 通り。よって，求める選び方の総数は

$$_{12}C_5-{}_7C_5=792-21=\mathbf{771}\ \textbf{(通り)}$$

63 (1) 8 人から部屋 A に入る 4 人を選ぶ選び方は $_8C_4$ 通り。残りの 4 人が部屋 B に入る。よって，積の法則より

$$_8C_4\times{}_4C_4=70\times1=\mathbf{70}\ \textbf{(通り)}$$

(2) 8 人が 2 人ずつ 4 つの部屋 A，B，C，D に入る入り方は

$$_8C_2\times{}_6C_2\times{}_4C_2\times{}_2C_2=28\times15\times6\times1=2520$$

4 つの部屋の区別をなくすと，2 人ずつ 4 組に分けたことになる。このとき，同じ組分けになるものが，それぞれ 4! 通りずつあるから

$$\frac{2520}{4!}=\mathbf{105}\ \textbf{(通り)}$$

(3) (1)と同じように考えて

$$_8C_4\times{}_4C_3\times{}_1C_1=70\times4\times1=\mathbf{280}\ \textbf{(通り)}$$

(4) 4 人の組を A 組，3 人の組を B 組，1 人の組を C 組と名づければ，(3)と同じである。

よって **280 通り**

(5) 8 人から 3 人を選び A 組とし，残りの 5 人から 3 人を選び B 組とし，残りの 2 人を C 組とすれば，その分け方は，積の法則より

$$_8C_3\times{}_5C_3\times{}_2C_2\ (通り)$$

ここで，A 組と B 組は人数が同じであるから，区別をなくすと

$$\frac{_8C_3\times{}_5C_3\times{}_2C_2}{2!}=\frac{56\times10\times1}{2}=\mathbf{280}\ \textbf{(通り)}$$

64 (1) 5 文字のうち，A が 2 個含まれているから

$$\frac{5!}{2!1!1!1!}=\mathbf{60}\ \textbf{(通り)}$$

別解 5 か所から 2 か所を選んで A を並べ，残りの 3 か所に J，P，N を並べると考えて

$$_5C_2\times{}_3P_3=10\times6=\mathbf{60}\ \textbf{(通り)}$$

(2) (i) A が両端にくるとき

間に J，P，N の 3 文字を並べる並べ方であるから

$$_3P_3=6\ (通り)$$

(ii) A と N が両端にくるとき

A と N を両端に並べる並べ方は 2 通りあり，そのそれぞれについて，間に J，A，P を並べる並べ方が $_3P_3$ 通りずつある。よって，

その総数は　$2\times{}_3P_3=12$（通り）

(i), (ii)より，求める並べ方の総数は

$6+12=$**18（通り）**

65 (1) 右へ1区画進むことを a，上へ1区画進むことを b と表すと，求める道順の総数は，6個の a と5個の b を1列に並べる順列の総数に等しい。

よって　$\dfrac{11!}{6!5!}=\mathbf{462}$ **（通り）**

別解　全部で11区画進むうち，右へ進む6区画をどこにするか選べば，最短経路が1つ決まる。

よって　${}_{11}C_6={}_{11}C_5=\dfrac{11\cdot10\cdot9\cdot8\cdot7}{5\cdot4\cdot3\cdot2\cdot1}=\mathbf{462}$ **（通り）**

(2) AからBへの道順の総数は $\dfrac{5!}{2!3!}$ 通り，BからDへの道順の総数は $\dfrac{6!}{4!2!}$ 通り。よって

$\dfrac{5!}{2!3!}\times\dfrac{6!}{4!2!}=10\times15=\mathbf{150}$ **（通り）**

(3) AからCへの道順の総数は $\dfrac{8!}{4!4!}$ 通り，CからDへの道順の総数は $\dfrac{3!}{2!1!}$ 通り。よって

$\dfrac{8!}{4!4!}\times\dfrac{3!}{2!1!}=70\times3=\mathbf{210}$ **（通り）**

(4) (1)の場合のうち，(3)の場合でないときであるから

$462-210=\mathbf{252}$ **（通り）**

(5) AからBを通り，さらにCを通りDに行く道順の総数は

$\dfrac{5!}{2!3!}\times\dfrac{3!}{2!1!}\times\dfrac{3!}{2!1!}=10\times3\times3=90$（通り）

求める道順の総数は，(2)の場合からこの場合を除けばよい。よって

$150-90=\mathbf{60}$ **（通り）**

66 6本の横の平行線から2本を選び，7本の縦の平行線から2本を選べば，平行線で囲まれた1つの平行四辺形が定まる。

よって

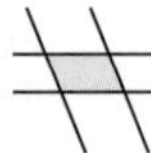

${}_6C_2\times{}_7C_2=15\times21$

$=\mathbf{315}$ **（個）**

67 E，Iを□で置きかえたP□NC□Lの6文字を並べかえ，□には左から順にE，Iを入れると考えればよい。よって，求める並べ方の総数は

$\dfrac{6!}{2!1!1!1!1!}=\mathbf{360}$ **（通り）**

68 考え方　AからBまでの道順の総数から，×印を通る道順の総数を引けばよい。

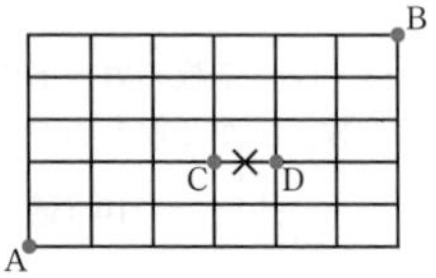

右の図においてAからCまで行く道順は

$\dfrac{5!}{3!2!}=10$（通り）

DからBまで行く道順は

$\dfrac{5!}{2!3!}=10$（通り）

よって，×印の箇所を通る道順は

$10\times10=100$（通り）

AからBまでの道順の総数は

$\dfrac{11!}{6!5!}=462$（通り）

したがって，×印の箇所を通らない道順は

$462-100=\mathbf{362}$ **（通り）**

69 (1) たとえば，AB，AGを共有する△ABGは，頂点Aを決めることで定まる。つまり，2辺を共有する三角形の個数は頂点の数に等しいから　**7個**。

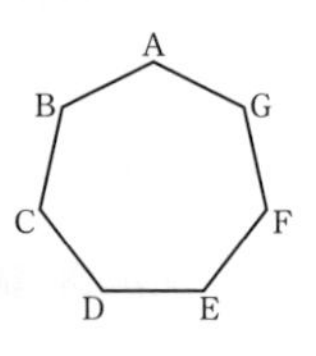

(2) たとえば，ABだけを共有する三角形は，頂点A，Bと，それらの隣のC，Gを除く3個の頂点D，E，Fから1個を選んでできる△ABD，△ABE，△ABFの3個である。

他の辺を共有する三角形も同様であるから

$3\times7=\mathbf{21}$ **（個）**

(3) 頂点を結んでできる三角形は全部で ${}_7C_3$ 個あり，その中から(1)と(2)の場合を除けばよいから

${}_7C_3-(7+21)=35-28=\mathbf{7}$ **（個）**

70 バスケットのつくり方の総数は，果物6個を○で表し，果物の種類の区切りを｜で表したときの，6個の○と3個の｜の並べ方の総数に等しいから

$\dfrac{(6+3)!}{6!3!}=\dfrac{9!}{6!3!}$

$=\mathbf{84}$ **（通り）**

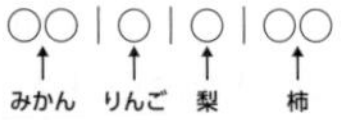

○○｜○｜○｜○○
↑みかん　↑りんご　↑梨　↑柿

別解　異なる4個のものから重複を許して6個取る組合せであるから

${}_{4+6-1}C_6={}_9C_6={}_9C_3=$**84（通り）**

71 (1) 異なる3個のものから重複を許して6個取る組合せであるから

${}_{3+6-1}C_6={}_8C_6={}_8C_2=$**28（通り）**

(2) はじめに，オレンジ，アップル，グレープを1本ずつ買っておき，それから残り3本を買えばよい。
よって，異なる3個から重複を許して3個取る組合せであるから

${}_{3+3-1}C_3={}_5C_3={}_5C_2=$**10（通り）**

72 (1) $x+y+z=7$ を満たす0以上の整数の組のうち，たとえば

$(x,\ y,\ z)=(4,\ 2,\ 1)$ は　$xxxxyyz$

$(x,\ y,\ z)=(5,\ 0,\ 2)$ は　$xxxxxzz$

に対応すると考える。このように考えると，求める $(x,\ y,\ z)$ の組の総数は，異なる3個のものから，重複を許して7個取る組合せの総数に等しい。
よって　${}_{3+7-1}C_7={}_9C_7={}_9C_2=$**36（組）**

(2) $x-1=X,\ y-1=Y,\ z-1=Z$
とおき，$x+y+z=7$ に

$x=X+1,\ y=Y+1,\ z=Z+1$

を代入すると

$X+Y+Z=4$　……①

ここで，$x,\ y,\ z$ は自然数であるから，$X,\ Y,\ Z$ は0以上の整数である。
よって，(1)と同様に考えて，①を満たす $(X,\ Y,\ Z)$ の組の総数は，異なる3個のものから重複を許して4個取る組合せの総数に等しい。
したがって，求める組の総数は

${}_{3+4-1}C_4={}_6C_4={}_6C_2=$**15（組）**

73 全事象　$\boldsymbol{U=\{1,\ 2,\ 3,\ 4,\ 5\}}$
根元事象　**{1}，{2}，{3}，{4}，{5}**

74 全事象は　$U=\{1,\ 2,\ 3,\ 4,\ 5,\ 6\}$
(1) 「3の倍数の目が出る」事象 A は

$A=\{3,\ 6\}$　←$n(A)=2$

よって　$P(A)=\dfrac{n(A)}{n(U)}=\dfrac{2}{6}=\boldsymbol{\dfrac{1}{3}}$

(2) 「5より小さい目が出る」事象 B は

$B=\{1,\ 2,\ 3,\ 4\}$　←$n(B)=4$

よって　$P(B)=\dfrac{n(B)}{n(U)}=\dfrac{4}{6}=\boldsymbol{\dfrac{2}{3}}$

75 全事象を U とすると　$n(U)=90$
(1) 「3の倍数のカードを引く」事象を A とすると，

$A=\{3\times4,\ 3\times5,\ 3\times6,\ \cdots\cdots,\ 3\times33\}$

より　$n(A)=30$

よって　$P(A)=\dfrac{n(A)}{n(U)}=\dfrac{30}{90}=\boldsymbol{\dfrac{1}{3}}$

(2) 「引いたカードの十の位の数と一の位の数の和が7である」事象を B とすると，

$B=\{16,\ 25,\ 34,\ 43,\ 52,\ 61,\ 70\}$

より　$n(B)=7$

よって　$P(B)=\dfrac{n(B)}{n(U)}=\boldsymbol{\dfrac{7}{90}}$

76 全事象を U，「白球が出る」事象を A とすると，$n(U)=8$，$n(A)=5$ より

$P(A)=\boldsymbol{\dfrac{5}{8}}$

77 全事象を U とすると　$n(U)=2^2=4$
「2枚とも裏が出る」事象を A とすると，
$n(A)=1$ より　$P(A)=\boldsymbol{\dfrac{1}{4}}$

78 全事象を U とすると　$n(U)=2^3=8$
(1) 「3枚とも表が出る」事象を A とすると，
$n(A)=1$ であるから

$P(A)=\boldsymbol{\dfrac{1}{8}}$

(2) 「2枚だけ表が出る」事象を B とすると，$n(B)$ は3個のものから2個取る組合せの総数であり　$n(B)={}_3C_2=3$

よって　$P(B)=\boldsymbol{\dfrac{3}{8}}$

79 目の出方は全部で　$6\times6=36$（通り）
(1) 目の和が5になるのは，右の表の斜線部分より4通りであるから，求める確率は

$\dfrac{4}{36}=\boldsymbol{\dfrac{1}{9}}$

大＼小	⚀	⚁	⚂	⚃	⚄	⚅
⚀	2	3	4	5	6	7
⚁	3	4	5	6	7	8
⚂	4	5	6	7	8	9
⚃	5	6	7	8	9	10
⚄	6	7	8	9	10	11
⚅	7	8	9	10	11	12

(2) 目の和が6以下になるのは，右の表の▭部分より15通りであるから，求める確率は

$\dfrac{15}{36}=\boldsymbol{\dfrac{5}{12}}$

80 6人が1列に並ぶ並び方は $_6P_6=6!$ (通り)
左から1番目がa，3番目がb，5番目がcになる場合は，a，b，c以外の3人の並び方の総数だけあるから

$_3P_3=3!$ (通り)

よって，求める確率は

$$\frac{3!}{6!}=\frac{3\cdot2\cdot1}{6\cdot5\cdot4\cdot3\cdot2\cdot1}=\mathbf{\frac{1}{120}}$$

81 4枚の硬貨の表裏の出方は $2^4=16$ (通り)
3枚が表，1枚が裏になる場合は，4個のものから3個取る組合せの総数だけあるから

$_4C_3=4$ (通り)

よって，求める確率は $\frac{4}{16}=\mathbf{\frac{1}{4}}$

82 7個の球から3個の球を同時に取り出す取り出し方は $_7C_3$ 通り

(1) 赤球3個を取り出す取り出し方は $_4C_3$ 通り
よって，求める確率は

$$\frac{_4C_3}{_7C_3}=\frac{_4C_1}{_7C_3}=4\times\frac{3\cdot2\cdot1}{7\cdot6\cdot5}=\mathbf{\frac{4}{35}}$$

(2) 赤球2個，白球1個を取り出す取り出し方は
$_4C_2\times{}_3C_1$ 通り
よって，求める確率は

$$\frac{_4C_2\times{}_3C_1}{_7C_3}=\frac{4\cdot3}{2\cdot1}\times3\times\frac{3\cdot2\cdot1}{7\cdot6\cdot5}=\mathbf{\frac{18}{35}}$$

83 10本のくじから2本を同時に引く引き方は $_{10}C_2$ 通り

(1) 2本とも当たる場合は $_3C_2$ 通り
よって，求める確率は

$$\frac{_3C_2}{_{10}C_2}=\frac{_3C_1}{_{10}C_2}=3\times\frac{2\cdot1}{10\cdot9}=\mathbf{\frac{1}{15}}$$

(2) 1本が当たり，1本がはずれる場合は
$_3C_1\times{}_7C_1$ 通り
よって，求める確率は

$$\frac{_3C_1\times{}_7C_1}{_{10}C_2}=3\times7\times\frac{2\cdot1}{10\cdot9}=\mathbf{\frac{7}{15}}$$

84 大中小3個のさいころの目の出方は
6^3 通り

(1) すべての目が1である場合は，1通り。
よって，求める確率は

$$\frac{1}{6^3}=\mathbf{\frac{1}{216}}$$

(2) すべての目が異なる場合は，$_6P_3$ 通り。
よって，求める確率は

$$\frac{_6P_3}{6^3}=\frac{6\cdot5\cdot4}{216}=\mathbf{\frac{5}{9}}$$

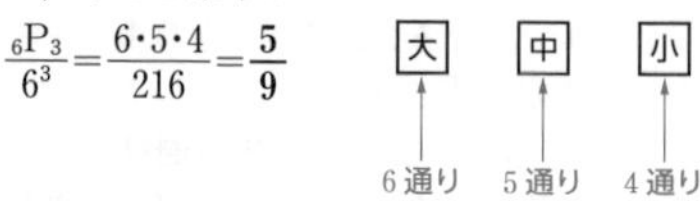

(3) 目の積が奇数になるのは，すべての目が奇数の場合であるから
$3\times3\times3=27$ (通り)
よって，求める確率は

$$\frac{27}{6^3}=\mathbf{\frac{1}{8}}$$

(4) 目の和が10になる組合せは
(1，3，6)，(1，4，5)，(2，2，6)，
(2，3，5)，(2，4，4)，(3，3，4)
さいころに区別をつけるので，
(1，3，6)，(1，4，5)，(2，3，5)
はそれぞれ $_3P_3=6$ より，6通りずつあり，
(2，2，6)，(2，4，4)，(3，3，4)
はそれぞれ $\frac{3!}{2!1!}=3$ より，3通りずつある。
ゆえに，目の和が10になる場合は
$3\times6+3\times3=27$ (通り)
よって，求める確率は

$$\frac{27}{6^3}=\mathbf{\frac{1}{8}}$$

85 6人が1列に並ぶ並び方は
$_6P_6=6!$ (通り)

(1) 男子が両端にくる並び方の総数は
$_2P_2\times{}_4P_4=2\times4!$ (通り)
よって，求める確率は

$$\frac{2\times4!}{6!}=\mathbf{\frac{1}{15}}$$

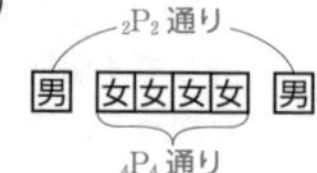

(2) 男子が隣り合う並び方の総数は
$_5P_5\times{}_2P_2=5!\times2!$ (通り)
よって，求める確率は

$$\frac{5!\times2!}{6!}=\mathbf{\frac{1}{3}}$$

女 男男 女 女 女
$_2P_2$ 通り
$_5P_5$ 通り

(3) 女子が両端にくる並び方の総数は
$_4P_2\times{}_4P_4=4\cdot3\times4!$ (通り)
よって，求める確率は

$$\frac{4\cdot3\times4!}{6!}=\mathbf{\frac{2}{5}}$$

女 男男女女 女
$_4P_2$ 通り

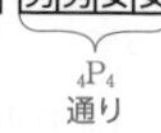

86 7枚のカードを1列に並べる並べ方は

$_7P_7=7!$ (通り)

奇数のカードは1, 3, 5, 7の4枚, 偶数は2, 4, 6の3枚である。

(1) 奇数番目に奇数, 偶数番目に偶数がくる並べ方の総数は

$_4P_4\times{}_3P_3=4!\times3!$ (通り)

よって, 求める確率は

$\dfrac{4!\times3!}{7!}=\mathbf{\dfrac{1}{35}}$

(2) 奇数が両端にくる並べ方の総数は

$_4P_2\times{}_5P_5=4\cdot3\times5!$ (通り)

よって, 求める確率は

$\dfrac{4\cdot3\times5!}{7!}=\mathbf{\dfrac{2}{7}}$

(3) 3つの偶数が続いて並ぶ並べ方の総数は

$_5P_5\times{}_3P_3=5!\times3!$ (通り)

よって, 求める確率は

$\dfrac{5!\times3!}{7!}=\mathbf{\dfrac{1}{7}}$

87 8人の座り方の総数は, 異なる8個のものの円順列であるから

$(8-1)!=7!$ (通り)

(1) 女子2人が隣り合って座る座り方の総数は

$(7-1)!\times{}_2P_2=6!\times2!$ (通り)

よって, 求める確率は

$\dfrac{6!\times2!}{7!}=\mathbf{\dfrac{2}{7}}$

(2) 女子2人が向かい合って座る座り方の総数は

$_6P_6=6!$ (通り)

よって, 求める確率は

$\dfrac{6!}{7!}=\mathbf{\dfrac{1}{7}}$

88 答え方の総数は 2^5 (通り)

ちょうど3題が正解となる場合は, 5題の中から正解となる3題を選ぶ選び方だけあるから

$_5C_3=10$ (通り)

よって, 求める確率は

$\dfrac{10}{2^5}=\mathbf{\dfrac{5}{16}}$

89 $A=\{2,\ 4,\ 6\}$, $B=\{2,\ 3,\ 5\}$ より

$A\cap B=\mathbf{\{2\}}$

$A\cup B=\mathbf{\{2,\ 3,\ 4,\ 5,\ 6\}}$

90 $A=\{2,\ 4,\ 6,\ 8,\ 10,\ \cdots\cdots,\ 30\}$

$B=\{5,\ 10,\ 15,\ 20,\ 25,\ 30\}$

$C=\{1,\ 2,\ 3,\ 4,\ 6,\ 8,\ 12,\ 24\}$

より $A\cap B=\{10,\ 20,\ 30\}$,

$A\cap C=\{2,\ 4,\ 6,\ 8,\ 12,\ 24\}$, $B\cap C=\varnothing$

よって, **B と C** が互いに排反である。

91 (1) 1等が当たる事象をA, 2等が当たる事象をBとすると, 事象AとBは互いに排反である。

よって, 求める確率は

$P(A\cup B)=P(A)+P(B)$

$=\dfrac{1}{20}+\dfrac{2}{20}=\mathbf{\dfrac{3}{20}}$

(2) 4等が当たる事象をC, はずれる事象をDとすると, 事象CとDは互いに排反である。

よって, 求める確率は

$P(C\cup D)=P(C)+P(D)$

$=\dfrac{4}{20}+\dfrac{10}{20}$

$=\dfrac{14}{20}=\mathbf{\dfrac{7}{10}}$

92 「目の差が2となる」事象をA, 「目の差が4となる」事象をBとすると, 右の図より

大＼小	1	2	3	4	5	6
1			2		4	
2				2		4
3	2				2	
4		2				2
5	4		2			
6		4		2		

$P(A)=\dfrac{8}{36}=\dfrac{2}{9}$

$P(B)=\dfrac{4}{36}=\dfrac{1}{9}$

事象AとBは互いに排反であるから求める確率は

$P(A\cup B)=P(A)+P(B)$

$=\dfrac{2}{9}+\dfrac{1}{9}=\dfrac{3}{9}=\mathbf{\dfrac{1}{3}}$

93 「3人とも男子が選ばれる」事象をA, 「3人とも女子が選ばれる」事象をBとすると

$P(A)=\dfrac{_3C_3}{_8C_3}=\dfrac{1}{56}$

$P(B)=\dfrac{_5C_3}{_8C_3}=\dfrac{10}{56}$

「3人とも男子または3人とも女子が選ばれる」事象は, AとBの和事象$A\cup B$であり, 事象AとBは互いに排反である。

よって, 求める確率は

$$P(A\cup B)=P(A)+P(B)$$
$$=\frac{1}{56}+\frac{10}{56}=\mathbf{\frac{11}{56}}$$

94 引いたカードの番号が「5の倍数である」事象をAとすると,「5の倍数でない」事象は,事象Aの余事象$\overline{A}$である。

$$A=\{5,\ 10,\ 15,\ 20,\ 25,\ 30\}$$

より　$P(A)=\frac{6}{30}=\frac{1}{5}$

よって,求める確率は

$$P(\overline{A})=1-P(A)=1-\frac{1}{5}=\mathbf{\frac{4}{5}}$$

95 引いたカードの番号が「4の倍数である」事象をA,「6の倍数である」事象をBとする。

$A=\{4\times1,\ 4\times2,\ 4\times3,\ \cdots\cdots,\ 4\times25\}$

$B=\{6\times1,\ 6\times2,\ 6\times3,\ \cdots\cdots,\ 6\times16\}$

積事象 $A\cap B$ は,4と6の最小公倍数12の倍数である事象である。

$A\cap B=\{12\times1,\ 12\times2,\ 12\times3,\ \cdots\cdots,\ 12\times8\}$

ゆえに　$n(A)=25,\ n(B)=16,\ n(A\cap B)=8$

よって

$P(A)=\frac{25}{100},\ P(B)=\frac{16}{100},\ P(A\cap B)=\frac{8}{100}$

したがって,求める確率は

$$P(A\cup B)=P(A)+P(B)-P(A\cap B)$$
$$=\frac{25}{100}+\frac{16}{100}-\frac{8}{100}=\mathbf{\frac{33}{100}}$$

96 (1) $A\cap B$ は,「スペードの絵札である」事象であるから　$n(A\cap B)=3$

よって　$P(A\cap B)=\mathbf{\frac{3}{52}}$

(2) $n(A)=13,\ n(B)=12$

であるから

$$P(A\cup B)=P(A)+P(B)-P(A\cap B)$$
$$=\frac{13}{52}+\frac{12}{52}-\frac{3}{52}$$
$$=\frac{22}{52}=\mathbf{\frac{11}{26}}$$

97 (1) 3の倍数であるのは

$\{3\times17,\ \cdots\cdots,\ 3\times33\}$

より　$33-17+1=17$ (通り)

同様にして

4の倍数であるのは

$\{4\times13,\ \cdots\cdots,\ 4\times25\}$

より　$25-13+1=13$ (通り)

3の倍数かつ4の倍数,すなわち12の倍数であるのは

$\{12\times5,\ 12\times6,\ 12\times7,\ 12\times8\}$

より　$8-5+1=4$ (通り)

よって,求める確率は

$$\frac{17}{50}+\frac{13}{50}-\frac{4}{50}=\frac{26}{50}=\mathbf{\frac{13}{25}}$$

(2) 4の倍数であるのは　13通り

6の倍数であるのは

$\{6\times9,\ \cdots\cdots,\ 6\times16\}$

より　$16-9+1=8$ (通り)

4の倍数かつ6の倍数,すなわち12の倍数であるのは　4通り

よって,求める確率は

$$\frac{13}{50}+\frac{8}{50}-\frac{4}{50}=\mathbf{\frac{17}{50}}$$

(3) 2の倍数であるのは

$\{2\times26,\ \cdots\cdots,\ 2\times50\}$

より　$50-26+1=25$ (通り)

2の倍数かつ3の倍数,すなわち6の倍数であるのは8通り。

よって,2の倍数であり3の倍数でない場合は

$25-8=17$ (通り)

したがって,求める確率は

$$\mathbf{\frac{17}{50}}$$

2の倍数　6の倍数　3の倍数

別解 求める確率は

$$\frac{25}{50}-\frac{8}{50}=\mathbf{\frac{17}{50}}$$

98 「少なくとも1個は白球である」事象をAとすると,事象Aの余事象$\overline{A}$は「3個とも赤球である」事象である。球は全部で9個であり,この中から3個の球を取り出す取り出し方は

${}_9C_3=84$ (通り)

このうち,3個とも赤球になる取り出し方は

${}_4C_3={}_4C_1=4$ (通り)

よって,事象$\overline{A}$が起こる確率$P(\overline{A})$は

$$P(\overline{A})=\frac{{}_4C_3}{{}_9C_3}=\frac{4}{84}=\frac{1}{21}$$

したがって,求める確率は

$$P(A)=1-P(\overline{A})=1-\frac{1}{21}=\mathbf{\frac{20}{21}}$$

99 「少なくとも1本は当たる」事象をAとすると,事象Aの余事象$\overline{A}$は「3本ともはずれる」

事象である。くじは全部で 12 本であり，この中から 3 本を引く引き方は

$_{12}C_3=220$ (通り)

このうち，3 本ともはずれる引き方は

$_{10}C_3=120$ (通り)

よって，事象 $\overline{A}$ が起こる確率 $P(\overline{A})$ は

$$P(\overline{A})=\frac{_{10}C_3}{_{12}C_3}=\frac{120}{220}=\frac{6}{11}$$

よって，求める確率は

$$P(A)=1-P(\overline{A})=1-\frac{6}{11}=\boldsymbol{\frac{5}{11}}$$

100 3 人の手の出し方の総数は

$3^3=27$ (通り)

「2 人だけが勝つ」事象を A とする。

勝つ 2 人の選び方は $_3C_2$ 通り，勝つときの手の出し方が，グー，チョキ，パーの 3 通りであるから，求める確率は

$$P(A)=\frac{_3C_2\times3}{27}=\frac{3\times3}{27}=\boldsymbol{\frac{1}{3}}$$

101 6 個の球から 3 個の球を取り出す取り出し方は

$_6C_3=20$ (通り)

(1) 「3 個とも赤球である」事象を A，「3 個とも白球である」事象を B とすると

$$P(A)=P(B)=\frac{_3C_3}{_6C_3}=\frac{1}{20}$$

事象 A と B は互いに排反であるから，求める確率は

$$P(A\cup B)=P(A)+P(B)$$
$$=\frac{1}{20}+\frac{1}{20}=\boldsymbol{\frac{1}{10}}$$

(2) 「少なくとも 1 個は赤球である」事象は $\overline{B}$ であるから，求める確率は

$$P(\overline{B})=1-P(B)=1-\frac{1}{20}=\boldsymbol{\frac{19}{20}}$$

102 1 個のさいころを投げる試行と，1 枚の硬貨を投げる試行は，互いに独立である。

さいころで 3 以上の目が出る確率は $\frac{4}{6}$

硬貨で裏が出る確率は $\frac{1}{2}$

よって，求める確率は

$$\frac{4}{6}\times\frac{1}{2}=\boldsymbol{\frac{1}{3}}$$

103 各回の試行は，互いに独立である。

(1) 1 回目に 1 の目が出る確率は $\frac{1}{6}$

2 回目に 2 の倍数の目が出る確率は $\frac{3}{6}$

3 回目に 3 以上の目が出る確率は $\frac{4}{6}$

よって，求める確率は

$$\frac{1}{6}\times\frac{3}{6}\times\frac{4}{6}=\boldsymbol{\frac{1}{18}}$$

(2) 1 回目に 6 の約数が出る確率は $\frac{4}{6}$

2 回目に 3 の倍数が出る確率は $\frac{2}{6}$

3 回目はどの目が出てもよいから $\frac{6}{6}=1$

よって，求める確率は

$$\frac{4}{6}\times\frac{2}{6}\times1=\boldsymbol{\frac{2}{9}}$$

104 大きいさいころを投げる試行と，小さいさいころを投げる試行は，互いに独立である。

大きいさいころの目が 3 の倍数で，小さいさいころの目が 3 の倍数以外である確率は $\frac{2}{6}\times\frac{4}{6}$

大きいさいころの目が 3 の倍数以外で，小さいさいころの目が 3 の倍数である確率は $\frac{4}{6}\times\frac{2}{6}$

これらの事象は互いに排反であるから，求める確率は

$$\frac{2}{6}\times\frac{4}{6}+\frac{4}{6}\times\frac{2}{6}=\boldsymbol{\frac{4}{9}}$$

105 1 枚の硬貨を 1 回投げて表が出る確率は $\frac{1}{2}$

6 回のうち表が 2 回，裏が 4 回出る確率であるから

$$_6C_2\left(\frac{1}{2}\right)^2\left(1-\frac{1}{2}\right)^{6-2}=15\times\frac{1}{4}\times\frac{1}{16}=\boldsymbol{\frac{15}{64}}$$

106 さいころを 1 回投げるとき，3 以上の目が出る確率は $\frac{4}{6}=\frac{2}{3}$

よって，求める確率は

$$_4C_2\left(\frac{2}{3}\right)^2\left(1-\frac{2}{3}\right)^{4-2}=6\times\frac{4}{9}\times\frac{1}{9}=\boldsymbol{\frac{8}{27}}$$

107　さいころを1回投げるとき，3の倍数の目が出る確率は　$\frac{2}{6}=\frac{1}{3}$

求める確率は，3の倍数の目が4回または5回出る確率であり，これらの事象は互いに排反であるから

$${}_5C_4\left(\frac{1}{3}\right)^4\left(1-\frac{1}{3}\right)^{5-4}+{}_5C_5\left(\frac{1}{3}\right)^5$$
$$=5\times\frac{1}{81}\times\frac{2}{3}+\frac{1}{243}=\mathbf{\frac{11}{243}}$$

108　5枚のカードから1枚を引くとき，奇数のカードを引く確率は　$\frac{3}{5}$

求める確率は，奇数のカードを2回または3回引く確率であり，これらの事象は互いに排反であるから

$${}_3C_2\left(\frac{3}{5}\right)^2\left(1-\frac{3}{5}\right)^{3-2}+{}_3C_3\left(\frac{3}{5}\right)^3$$
$$=3\times\frac{9}{25}\times\frac{2}{5}+\frac{27}{125}=\mathbf{\frac{81}{125}}$$

109　Aから赤球を取り出す確率は $\frac{3}{5}$，白球を取り出す確率は $\frac{2}{5}$，Bから赤球を取り出す確率は $\frac{4}{7}$，白球を取り出す確率は $\frac{3}{7}$ である。

(1)　(赤，赤) の場合であるから

$$\frac{3}{5}\times\frac{4}{7}=\mathbf{\frac{12}{35}}$$

(2)　(赤，白) と (白，赤) の場合であるから

$$\frac{3}{5}\times\frac{3}{7}+\frac{2}{5}\times\frac{4}{7}=\mathbf{\frac{17}{35}}$$

(3)　(赤，赤) と (白，白) の場合であるから

$$\frac{12}{35}+\frac{2}{5}\times\frac{3}{7}=\mathbf{\frac{18}{35}}$$

別解　(3)は(2)の余事象であるから

$$1-\frac{17}{35}=\mathbf{\frac{18}{35}}$$

110　「Bが少なくとも1回勝つ」事象は，「Bが3回とも負ける」事象の余事象である。Bが負ける確率はAが勝つ確率 $\frac{4}{5}$ であるから

$$1-\left(\frac{4}{5}\right)^3=1-\frac{64}{125}=\mathbf{\frac{61}{125}}$$

111　(1)　1個の球を取り出すとき，赤球が出る確率は $\frac{4}{6}=\frac{2}{3}$ であるから，求める確率は

$${}_4C_2\left(\frac{2}{3}\right)^2\left(1-\frac{2}{3}\right)^{4-2}=6\times\frac{4}{9}\times\frac{1}{9}=\mathbf{\frac{8}{27}}$$

(2)　1個の球を取り出すとき，白球が出る確率は

$\frac{2}{6}=\frac{1}{3}$

求める確率は，白球を3回または4回取り出す確率であるから

$${}_4C_3\left(\frac{1}{3}\right)^3\left(1-\frac{1}{3}\right)^{4-3}+{}_4C_4\left(\frac{1}{3}\right)^4$$
$$=4\times\frac{1}{3^3}\times\frac{2}{3}+\frac{1}{3^4}=\frac{9}{3^4}=\mathbf{\frac{1}{9}}$$

112　「3以上の目が少なくとも1回出る」事象は，「3回とも2以下の目が出る」事象の余事象である。2以下の目が出る確率は $\frac{2}{6}=\frac{1}{3}$ であり，3回とも2以下の目が出る確率は $\left(\frac{1}{3}\right)^3$ であるから，求める確率は

$$1-\left(\frac{1}{3}\right)^3=1-\frac{1}{27}=\mathbf{\frac{26}{27}}$$

113　3回ジャンプを行う反復試行であり，1回あたりのジャンプが成功する確率は $\frac{9}{10}$ であるから，失敗する確率は $1-\frac{9}{10}=\frac{1}{10}$ である。求める確率は，2回または3回失敗する確率であるから

$${}_3C_2\left(\frac{1}{10}\right)^2\left(\frac{9}{10}\right)^{3-2}+{}_3C_3\left(\frac{1}{10}\right)^3$$
$$=3\times\frac{9}{1000}+\frac{1}{1000}=\mathbf{\frac{7}{250}}$$

114　考え方　Aが優勝する場合の勝ち方を考え，それぞれの確率の和を求める。

Aが優勝する場合は

(i)　3連勝

(ii)　3回目までに2勝1敗で4回目に勝つ

(iii)　4回目までに2勝2敗で5回目に勝つ

であるから

$$\left(\frac{3}{5}\right)^3+{}_3C_2\left(\frac{3}{5}\right)^2\left(\frac{2}{5}\right)^{3-2}\times\frac{3}{5}$$
$$+{}_4C_2\left(\frac{3}{5}\right)^2\left(\frac{2}{5}\right)^{4-2}\times\frac{3}{5}$$

$=\frac{27}{5^3}+3\times\frac{9}{5^2}\times\frac{2}{5}\times\frac{3}{5}+6\times\frac{9}{5^2}\times\frac{4}{5^2}\times\frac{3}{5}$

$=\frac{27}{5^3}+\frac{162}{5^4}+\frac{648}{5^5}$

$=\mathbf{\frac{2133}{3125}}$

115 さいころを1回投げて，「3以上の目が出る」事象をAとすると　$P(A)=\frac{4}{6}=\frac{2}{3}$

さいころを6回投げるとき，事象Aがr回起こるとすると，r回は$+2$動き，残りの$(6-r)$回は-3動く。

よって，点Pの座標は

$(+2)\times r+(-3)\times(6-r)=5r-18$

(1) $5r-18=-8$ より　$r=2$

よって，求める確率は，さいころを6回投げるとき，事象Aがちょうど2回起こる確率であるから

${}_6C_2\left(\frac{2}{3}\right)^2\left(\frac{1}{3}\right)^4=15\times\frac{4}{9}\times\frac{1}{81}=\mathbf{\frac{20}{243}}$

(2) $5r-18>0$ より　$r>3.6$

rは $0\leqq r\leqq 6$ の自然数であるから

$r=4,\ 5,\ 6$

これらの場合は互いに排反である。

よって，求める確率は

${}_6C_4\left(\frac{2}{3}\right)^4\left(\frac{1}{3}\right)^2+{}_6C_5\left(\frac{2}{3}\right)^5\left(\frac{1}{3}\right)+{}_6C_6\left(\frac{2}{3}\right)^6$

$=15\times\frac{16}{81}\times\frac{1}{9}+6\times\frac{32}{243}\times\frac{1}{3}+\frac{64}{729}$

$=\mathbf{\frac{496}{729}}$

116 (1) さいころを1回投げるとき，4以下の目が出る確率は　$\frac{4}{6}=\frac{2}{3}$

各回の試行は互いに独立であるから，求める確率は

$\left(\frac{2}{3}\right)^3=\mathbf{\frac{8}{27}}$

(2) (1)と同様に考えると，3回とも3以下の目が出る確率は　$\left(\frac{1}{2}\right)^3=\frac{1}{8}$

求める確率は，3回とも4以下の目が出る確率から，3回とも3以下の目が出る確率を引いて

$\frac{8}{27}-\frac{1}{8}=\frac{64-27}{216}=\mathbf{\frac{37}{216}}$

117 (1) さいころを1回投げるとき，2以上の目が出る確率は　$\frac{5}{6}$

各回の試行は互いに独立であるから，求める確率は

$\left(\frac{5}{6}\right)^3=\mathbf{\frac{125}{216}}$

(2) (1)と同様に考えると，3回とも3以上の目が出る確率は　$\left(\frac{2}{3}\right)^3=\frac{8}{27}$

求める確率は，3回とも2以上の目が出る確率から，3回とも3以上の目が出る確率を引いて

$\frac{125}{216}-\frac{8}{27}=\frac{125-64}{216}=\mathbf{\frac{61}{216}}$

別解 「3回とも2以上の目が出る」事象をA，「3回とも2の目が出ない」事象をBとすると，求める確率は$P(A\cap\overline{B})$である。

$P(A)=\frac{125}{216}$，$P(A\cap B)=\left(\frac{4}{6}\right)^3=\frac{8}{27}$

であるから

$P(A\cap\overline{B})=P(A)-P(A\cap B)$

$=\frac{125}{216}-\frac{8}{27}=\mathbf{\frac{61}{216}}$

118 (1) $n(U)=40$，$n(A\cap B)=9$ より

$P(A\cap B)=\mathbf{\frac{9}{40}}$

(2) $n(A)=9+11=20$ より

$P_A(B)=\frac{n(A\cap B)}{n(A)}=\mathbf{\frac{9}{20}}$

(3) $n(B)=14+9=23$ より

$P_B(A)=\frac{n(B\cap A)}{n(B)}=\frac{n(A\cap B)}{n(B)}=\mathbf{\frac{9}{23}}$

119 「1枚目に奇数が出る」事象をA，「2枚目に偶数が出る」事象をBとすると，求める確率は$P_A(B)$であり

$n(A)=5\times 8$，$n(A\cap B)=5\times 4$

よって　$P_A(B)=\frac{n(A\cap B)}{n(A)}=\frac{5\times 4}{5\times 8}=\mathbf{\frac{1}{2}}$

別解 1枚目に奇数が出たとき，残りのカードは奇数4枚，偶数4枚である。この中から偶数のカードを引く確率であるから

$P_A(B)=\frac{4}{9-1}=\frac{4}{8}=\mathbf{\frac{1}{2}}$

120 「aが赤球を取り出す」事象をA,「bが赤球を取り出す」事象をBとする。

(1) 求める確率は

$$P(A\cap B)=P(A)P_A(B)$$
$$=\frac{3}{8}\times\frac{3-1}{8-1}=\frac{3}{8}\times\frac{2}{7}=\boldsymbol{\frac{3}{28}}$$

(2) 「aが白球を取り出す」事象は$\overline{A}$であるから,求める確率は

$$P(\overline{A}\cap B)=P(\overline{A})P_{\overline{A}}(B)$$
$$=\frac{5}{8}\times\frac{3}{8-1}=\frac{5}{8}\times\frac{3}{7}=\boldsymbol{\frac{15}{56}}$$

121 「1枚目にエースを引く」事象をA,「2枚目に絵札を引く」事象をBとする。エースは4枚,絵札は12枚であるから,求める確率は

$$P(A\cap B)=P(A)P_A(B)$$
$$=\frac{4}{52}\times\frac{12}{52-1}=\frac{4}{52}\times\frac{12}{51}=\boldsymbol{\frac{4}{221}}$$

122 「白球を取り出す」事象をA,「偶数の番号のついた球を取り出す」事象をBとする。

(1) $n(U)=7$, $n(A\cap B)=2$

であるから,求める確率は

$$P(A\cap B)=\boldsymbol{\frac{2}{7}}$$

(2) $n(A)=4$ より,求める確率は

$$P_A(B)=\frac{n(A\cap B)}{n(A)}=\frac{2}{4}=\boldsymbol{\frac{1}{2}}$$

(3) $n(B)=3$ より,求める確率は

$$P_B(A)=\frac{n(B\cap A)}{n(B)}=\frac{n(A\cap B)}{n(B)}=\boldsymbol{\frac{2}{3}}$$

123 「aが当たる」事象をA,「bが当たる」事象をBとする。

(1) 求める確率は

$$P(A\cap B)=P(A)P_A(B)$$
$$=\frac{4}{10}\times\frac{4-1}{10-1}=\frac{4}{10}\times\frac{3}{9}=\boldsymbol{\frac{2}{15}}$$

(2) 「bがはずれる」事象は,「aが当たり,bがはずれる」事象 $A\cap\overline{B}$ と,「a,bがともにはずれる」事象 $\overline{A}\cap\overline{B}$ の和事象であり,これらは互いに排反であるから,求める確率は

$$P(\overline{B})=P(A\cap\overline{B})+P(\overline{A}\cap\overline{B})$$
$$=P(A)P_A(\overline{B})+P(\overline{A})P_{\overline{A}}(\overline{B})$$
$$=\frac{4}{10}\times\frac{6}{10-1}+\frac{6}{10}\times\frac{6-1}{10-1}$$
$$=\frac{4}{10}\times\frac{6}{9}+\frac{6}{10}\times\frac{5}{9}=\boldsymbol{\frac{3}{5}}$$

124 「1枚目にハートのカードを引く」事象をA,「2枚目にハートのカードを引く」事象をBとする。

(1) 求める確率は

$$P(A\cap B)=P(A)P_A(B)$$
$$=\frac{13}{52}\times\frac{13-1}{52-1}=\frac{1}{4}\times\frac{12}{51}=\boldsymbol{\frac{1}{17}}$$

(2) 2枚ともハートのカードを引く場合と,1枚目がハート以外で2枚目がハートのカードを引く場合とがあり,これらは互いに排反である。よって,求める確率は

$$P(B)=P(A\cap B)+P(\overline{A}\cap B)$$
$$=P(A)P_A(B)+P(\overline{A})P_{\overline{A}}(B)$$
$$=\frac{1}{17}+\frac{39}{52}\times\frac{13}{51}=\frac{1}{17}+\frac{13}{4\times17}=\boldsymbol{\frac{1}{4}}$$

125 取り出した1個の製品が,「工場aの製品である」事象をA,「工場bの製品である」事象をB,「不良品である」事象をEとすると

$$P(A)=\frac{60}{100},\ P(B)=\frac{40}{100}$$
$$P_A(E)=\frac{3}{100},\ P_B(E)=\frac{4}{100}$$

(1) 求める確率は

$$P(E)=P(A\cap E)+P(B\cap E)$$
$$=P(A)P_A(E)+P(B)P_B(E)$$
$$=\frac{60}{100}\times\frac{3}{100}+\frac{40}{100}\times\frac{4}{100}=\boldsymbol{\frac{17}{500}}$$

(2) 求める確率は$P_E(A)$であるから

$$P_E(A)=\frac{P(E\cap A)}{P(E)}=\frac{P(A\cap E)}{P(E)}$$
$$=\frac{P(A)P_A(E)}{P(E)}$$
$$=\frac{60}{100}\times\frac{3}{100}\div\frac{17}{500}=\boldsymbol{\frac{9}{17}}$$

126 引いたカードに書かれた数は1,3,5,7,9のいずれかであり,これらの数のカードを引く確率は,すべて$\frac{1}{5}$である。

よって,求める期待値は

$$1\times\frac{1}{5}+3\times\frac{1}{5}+5\times\frac{1}{5}+7\times\frac{1}{5}+9\times\frac{1}{5}$$
$$=\frac{25}{5}=\boldsymbol{5}$$

127 1枚の硬貨を続けて3回投げるとき，表が出る回数とその確率は，次の表のようになる。

表の回数	0	1	2	3	計
確率	$\frac{1}{8}$	$\frac{3}{8}$	$\frac{3}{8}$	$\frac{1}{8}$	1

よって，表が出る回数の期待値は

$$0\times\frac{1}{8}+1\times\frac{3}{8}+2\times\frac{3}{8}+3\times\frac{1}{8}=\frac{12}{8}=\boldsymbol{\frac{3}{2}}\ \textbf{(回)}$$

注意 1枚の硬貨を続けて3回投げるとき，表が r 回出る確率は

$${}_3C_r\left(\frac{1}{2}\right)^r\left(\frac{1}{2}\right)^{3-r}={}_3C_r\left(\frac{1}{2}\right)^3 \quad (r=0,\ 1,\ 2,\ 3)$$

128 $1000\times\frac{1}{50}+500\times\frac{3}{50}+100\times\frac{11}{50}+10\times\frac{35}{50}$

$$=\frac{1000+1500+1100+350}{50}=\frac{3950}{50}=\mathbf{79}\ \textbf{(円)}$$

129 大小2個のさいころの目の和の表をつくると，次のようになる。

大＼小	⚀	⚁	⚂	⚃	⚄	⚅
⚀	2	3	4	5	6	7
⚁	3	4	5	6	7	8
⚂	4	5	6	7	8	9
⚃	5	6	7	8	9	10
⚄	6	7	8	9	10	11
⚅	7	8	9	10	11	12

この表から，大小2個のさいころを同時に投げるとき，出る目の和とその確率は，次の表のようになる。

目の和	2	3	4	5	6	7	8	9	10	11	12	計
確率	$\frac{1}{36}$	$\frac{2}{36}$	$\frac{3}{36}$	$\frac{4}{36}$	$\frac{5}{36}$	$\frac{6}{36}$	$\frac{5}{36}$	$\frac{4}{36}$	$\frac{3}{36}$	$\frac{2}{36}$	$\frac{1}{36}$	1

よって，出る目の和の期待値は

$$2\times\frac{1}{36}+3\times\frac{2}{36}+4\times\frac{3}{36}+5\times\frac{4}{36}+6\times\frac{5}{36}$$
$$+7\times\frac{6}{36}+8\times\frac{5}{36}+9\times\frac{4}{36}+10\times\frac{3}{36}$$
$$+11\times\frac{2}{36}+12\times\frac{1}{36}$$
$$=\frac{252}{36}=\mathbf{7}$$

130 取り出した3個の球に含まれる赤球の個数は，1個，2個，3個のいずれかである。

赤球が1個である確率は $\frac{{}_3C_1\times{}_2C_2}{{}_5C_3}=\frac{3}{10}$

赤球が2個である確率は $\frac{{}_3C_2\times{}_2C_1}{{}_5C_3}=\frac{6}{10}$

赤球が3個である確率は $\frac{{}_3C_3}{{}_5C_3}=\frac{1}{10}$

よって，もらえる点数とその確率は，次の表のようになる。

点数	500	1000	1500	計
確率	$\frac{3}{10}$	$\frac{6}{10}$	$\frac{1}{10}$	1

したがって，求める期待値は

$$500\times\frac{3}{10}+1000\times\frac{6}{10}+1500\times\frac{1}{10}=\frac{9000}{10}$$
$$=\mathbf{900}\ \textbf{(点)}$$

131 1個のさいころを投げるとき，5以上の目が出る確率は $\frac{2}{6}=\frac{1}{3}$

1個のさいころを続けて4回投げるとき，5以上の目が出る回数は，

0回，1回，2回，3回，4回

のいずれかである。

5以上の目が

0回出る確率は $\left(\frac{2}{3}\right)^4=\frac{16}{81}$

1回出る確率は ${}_4C_1\left(\frac{1}{3}\right)^1\left(\frac{2}{3}\right)^3=\frac{32}{81}$

2回出る確率は ${}_4C_2\left(\frac{1}{3}\right)^2\left(\frac{2}{3}\right)^2=\frac{24}{81}$

3回出る確率は ${}_4C_3\left(\frac{1}{3}\right)^3\left(\frac{2}{3}\right)^1=\frac{8}{81}$

4回出る確率は $\left(\frac{1}{3}\right)^4=\frac{1}{81}$

したがって，5以上の目が出る回数とその確率は，次の表のようになる。

回数	0	1	2	3	4	計
確率	$\frac{16}{81}$	$\frac{32}{81}$	$\frac{24}{81}$	$\frac{8}{81}$	$\frac{1}{81}$	1

よって，求める期待値は

$$0\times\frac{16}{81}+1\times\frac{32}{81}+2\times\frac{24}{81}+3\times\frac{8}{81}+4\times\frac{1}{81}=\frac{108}{81}$$
$$=\boldsymbol{\frac{4}{3}}\ \textbf{(回)}$$

132 (1) $x:4=3:(3+3)$ より　$\boldsymbol{x=2}$

$y:8=3:(3+3)$ より　$\boldsymbol{y=4}$

(2) $x:(9-x)=6:3$ より　$3x=6(9-x)$

よって　$\boldsymbol{x=6}$

$y:2=6:3$ より　$\boldsymbol{y=4}$

(3) $5:x=6:2$ より　$\boldsymbol{x=\frac{5}{3}}$

$4:y=6:8$ より　$\boldsymbol{y=\frac{16}{3}}$

133

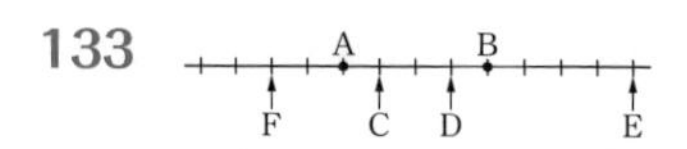

134 BD：DC＝AB：AC より

$x:(14-x)=16:12$

よって　$16(14-x)=12x$

したがって　$x=\mathbf{8}$

135 (1) BD＝x とおくと　DC＝$6-x$

BD：DC＝AB：AC より　$x:(6-x)=7:3$

ゆえに　$7(6-x)=3x$

よって　$x=\dfrac{21}{5}$

すなわち　BD＝$\mathbf{\dfrac{21}{5}}$

(2) CE＝y とおくと　BE＝$y+6$

BE：EC＝AB：AC より　$(y+6):y=7:3$

ゆえに　$7y=3(y+6)$

よって　$y=\dfrac{9}{2}$

すなわち　CE＝$\mathbf{\dfrac{9}{2}}$

(3) DE＝DC＋CE

$=(\mathrm{BC}-\mathrm{BD})+\mathrm{CE}$

$=\left(6-\dfrac{21}{5}\right)+\dfrac{9}{2}=\mathbf{\dfrac{63}{10}}$

136 (1) AC：CE＝BD：DF より

$5:x=4:8$

よって　$x=\mathbf{10}$

また，B から AE に平行な線を引き，CD，EF との交点をそれぞれ G，H とすると

CG＝EH＝AB＝4

GD：HF＝BD：BF より

$(7-4):(y-4)=4:(4+8)$

ゆえに　$y-4=9$

よって　$y=\mathbf{13}$

(2) AC：AE＝CG：EF より

$3:(3+4)=x:7$

よって　$x=\mathbf{3}$

また，△FAB において

GD：AB＝FD：FB＝CE：AE より

$(5-3):y=4:(4+3)$

よって　$y=\mathbf{\dfrac{7}{2}}$

137 AP＝4，PB＝2 より

AP：PB＝4：2＝2：1

P は線分 AB を **2：1 に内分** する点である。

AQ＝10，QB＝4 より

AQ：QB＝10：4＝5：2

Q は線分 AB を **5：2 に外分** する点である。

AR＝2，RB＝8 より

AR：RB＝2：8＝1：4

R は線分 AB を **1：4 に外分** する点である。

138 (1) DM は ∠AMB の二等分線であるから

AD：DB＝AM：BM ……①

ME は ∠AMC の二等分線であるから

AE：EC＝AM：CM ……②

①，②と BM＝CM より

AD：DB＝AE：EC

よって　DE∥BC

(2) AD：DB＝AM：BM＝5：3 より

AD：AB＝5：8　であるから

DE：BC＝5：8

よって　DE＝$\dfrac{5}{8}\times$BC＝$\dfrac{5}{8}\times6=\mathbf{\dfrac{15}{4}}$

139 G は △ABC の重心であるから

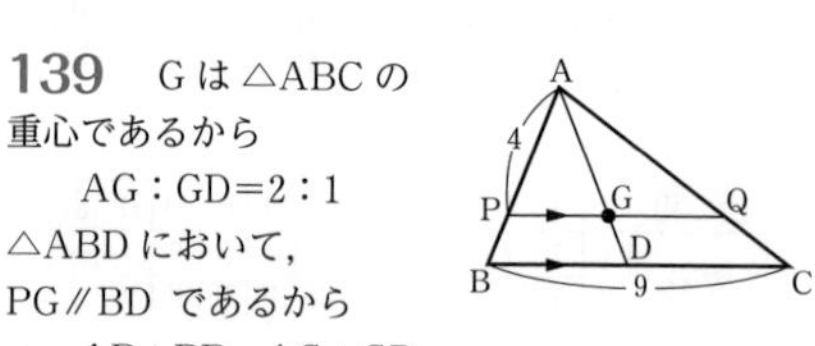

AG：GD＝2：1

△ABD において，

PG∥BD であるから

AP：PB＝AG：GD

よって　4：PB＝2：1 より　PB＝**2**

また，△ABC において PQ∥BC であるから

PQ：BC＝AP：AB

よって　PQ：9＝4：6 より　PQ＝**6**

140 P は △ABC の重心であるから

AP：PL＝AP：2＝2：1

より　AP＝4

△ABL において，∠ALB＝90° であり

AL＝2＋4＝6，BL＝$\dfrac{6}{2}=3$

であるから，三平方の定理より

$\mathrm{AB}^2=6^2+3^2=45$

AB＞0 より

$\mathrm{AB}=\sqrt{45}=3\sqrt{5}$

よって　AP＝**4**，AB＝$\mathbf{3\sqrt{5}}$

141 (1) Iは△ABCの内心であるから

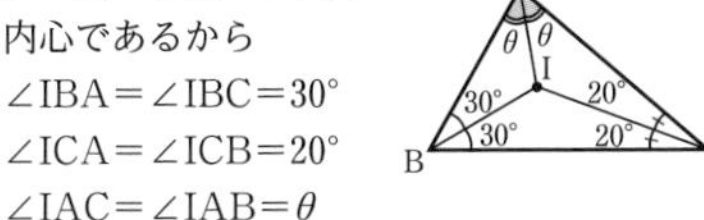

$\angle IBA=\angle IBC=30°$

$\angle ICA=\angle ICB=20°$

$\angle IAC=\angle IAB=\theta$

△ABCの内角の和は180°であるから

$2\times(\theta+30°+20°)=180°$

ゆえに　$\theta+50°=90°$

よって　$\theta=\mathbf{40°}$

(2) Iは△ABCの内心であるから

$\angle IAC=\angle IAB=45°$

$\angle IBA=\angle IBC=25°$

△ABCの内角の和は180°であるから

$2\times\angle ICA+2\times(45°+25°)=180°$

ゆえに　$\angle ICA=20°$

よって，△IACにおいて

$\theta+20°+45°=180°$

したがって　$\theta=\mathbf{115°}$

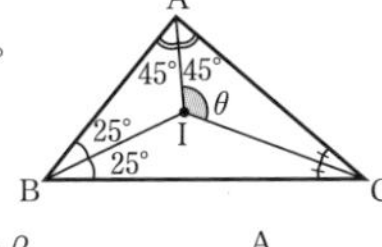

(3) $\angle IBC=\alpha$，$\angle ICB=\beta$ とおくと，△ABCの内角の和は180°であるから

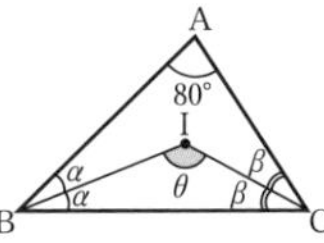

$2\alpha+2\beta+80°=180°$

より　$\alpha+\beta=50°$

△IBCの内角の和は180°であるから

$\theta+\alpha+\beta=180°$

よって　$\theta=\mathbf{130°}$

142 (1) Oは△ABCの外心であるから

$\angle OBA=\angle OAB=20°$

$\angle OAC=\angle OCA=40°$

$\angle OCB=\angle OBC=\theta$

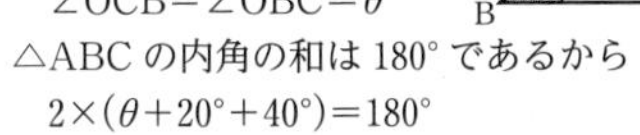

△ABCの内角の和は180°であるから

$2\times(\theta+20°+40°)=180°$

よって　$\theta=\mathbf{30°}$

(2) 右の図のように，AOの延長とBCの交点をDとし，

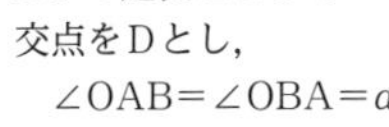
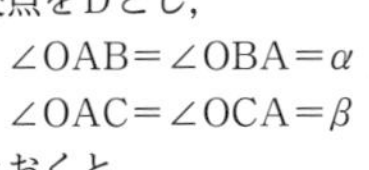
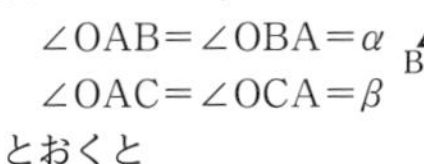

$\angle OAB=\angle OBA=\alpha$

$\angle OAC=\angle OCA=\beta$

とおくと

$\angle BOD=2\alpha$，$\angle COD=2\beta$

より　$\theta=\angle BOD+\angle COD$

$=2\alpha+2\beta=2(\alpha+\beta)$

ここで，$\alpha+\beta=80°$ であるから

$\theta=2\times80°=\mathbf{160°}$

別解　△ABCの外接円の円周角と中心角の関係から　$80°=\frac{1}{2}\theta$　よって　$\theta=\mathbf{160°}$

(3) △ABCの内角の和は180°であるから

$\angle ACB=180°-(120°+25°)=35°$

下の図のように　$\angle OBC=\angle OCB=\alpha$

とおくと

$\angle OAB=\angle OBA=25°+\alpha$

$\angle OAC=\angle OCA=35°+\alpha$

$\angle BAC=\angle OAB+\angle OAC=120°$

であるから　$(\alpha+25°)+(\alpha+35°)=120°$

ゆえに　$\alpha=30°$

△OBCの内角の和は180°であるから

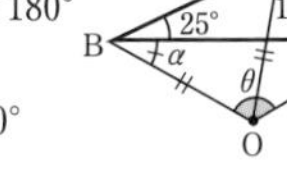

$\theta+30°+30°=180°$

よって　$\theta=\mathbf{120°}$

別解　△ABCの外接円の円周角と中心角の関係から　$360°-\theta=2\times120°$

よって　$\theta=\mathbf{120°}$

143 BD＝2BQ＝2DQ より　BQ＝DQ＝3

また，AQ＝QC より，PとRは△ABCと△ACDの中線の交点であるから，それぞれの重心である。

ゆえに　BQ：PQ＝3：1

DQ：RQ＝3：1

よって　$PQ=\frac{1}{3}BQ=1$，$RQ=\frac{1}{3}DQ=1$

したがって　$PQ=\mathbf{1}$，$PR=PQ+RQ=\mathbf{2}$

144 (1) △ABCにおいて，ADは∠Aの二等分線であるから

BD：DC＝AB：AC＝4：3

よって　$BD=\frac{4}{7}\times BC=\frac{4}{7}\times5=\mathbf{\frac{20}{7}}$

(2) △ABDにおいて，BIは∠Bの二等分線であるから，(1)より

$AI:ID=BA:BD=4:\frac{20}{7}$

よって　AI：ID＝28：20＝**7：5**

145 $\angle B=90°$ より，△ABC の外接円は AC を直径とする円である。外心は AC の中点，すなわち **点P**

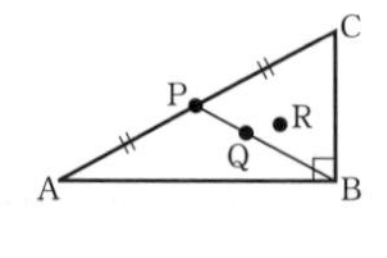

重心は中線 BP 上にあるから **点Q**
よって，内心は **点R**

146 (1) メネラウスの定理より

$$\frac{BP}{PC}\cdot\frac{CQ}{QA}\cdot\frac{AR}{RB}=\frac{x}{y}\cdot\frac{1}{1}\cdot\frac{1}{3}=1$$

ゆえに　$\frac{x}{y}=3=\frac{3}{1}$

すなわち　$x:y=\mathbf{3:1}$

(2) メネラウスの定理より

$$\frac{BP}{PC}\cdot\frac{CQ}{QA}\cdot\frac{AR}{RB}=\frac{3+2}{2}\cdot\frac{2}{4}\cdot\frac{x}{y}=1$$

ゆえに　$\frac{x}{y}=\frac{4}{5}$

すなわち　$x:y=\mathbf{4:5}$

(3) メネラウスの定理より

$$\frac{CP}{PB}\cdot\frac{BQ}{QA}\cdot\frac{AR}{RC}=\frac{2+1}{1}\cdot\frac{y}{x}\cdot\frac{2}{3}=1$$

ゆえに　$\frac{y}{x}=\frac{1}{2}$

すなわち　$x:y=\mathbf{2:1}$

147 (1) チェバの定理より

$$\frac{BP}{PC}\cdot\frac{CQ}{QA}\cdot\frac{AR}{RB}=\frac{x}{y}\cdot\frac{3}{2}\cdot\frac{4}{1}=1$$

ゆえに　$\frac{x}{y}=\frac{1}{6}$

すなわち　$x:y=\mathbf{1:6}$

(2) チェバの定理より

$$\frac{BP}{PC}\cdot\frac{CQ}{QA}\cdot\frac{AR}{RB}=\frac{5}{3}\cdot\frac{2}{3}\cdot\frac{x}{y}=1$$

ゆえに　$\frac{x}{y}=\frac{9}{10}$

すなわち　$x:y=\mathbf{9:10}$

(3) チェバの定理より

$$\frac{BP}{PC}\cdot\frac{CQ}{QA}\cdot\frac{AR}{RB}=\frac{5}{4}\cdot\frac{x}{y}\cdot\frac{3}{6}=1$$

ゆえに　$\frac{x}{y}=\frac{8}{5}$

すなわち　$x:y=\mathbf{8:5}$

148 (1) △ABD と直線 FC において，メネラウスの定理より

$$\frac{BC}{CD}\cdot\frac{DP}{PA}\cdot\frac{AF}{FB}=\frac{BC}{CD}\cdot\frac{3}{7}\cdot\frac{2}{3}=1$$

ゆえに，$\frac{BC}{CD}=\frac{7}{2}$ より　BC：CD＝7：2

よって　BD：DC＝(7－2)：2＝**5：2**

(2) △ABC において，チェバの定理より

$$\frac{BD}{DC}\cdot\frac{CE}{EA}\cdot\frac{AF}{FB}=\frac{5}{2}\cdot\frac{CE}{EA}\cdot\frac{2}{3}=1$$

ゆえに　$\frac{CE}{EA}=\frac{3}{5}$

よって　AE：EC＝**5：3**

149 (1) △APC と直線 BQ において，メネラウスの定理より

$$\frac{CB}{BP}\cdot\frac{PO}{OA}\cdot\frac{AQ}{QC}=\frac{3+1}{1}\cdot\frac{PO}{OA}\cdot\frac{3}{2}=1$$

ゆえに　$\frac{PO}{OA}=\frac{1}{6}$

すなわち　AO：OP＝**6：1**

(2) △OBC と △ABC は辺 BC を共有しているから

$$\frac{\triangle OBC}{\triangle ABC}=\frac{OP}{AP}=\frac{1}{6+1}=\frac{1}{7}$$

よって　△OBC：△ABC＝**1：7**

150 △ABC において，三平方の定理より

$$AB^2=3^2+4^2=5^2$$

AB＞0 より　AB＝5

よって　AB：BC：CA＝5：3：4

また，AD は ∠A の二等分線であるから

　BD：DC＝AB：AC＝5：4

(1) 辺 AB を共有しているから

　△DAB：△ABC＝BD：BC＝**5：9**

(2) 辺 BD を共有しているから

　△DBE：△DBA＝BE：BA＝1：2

(1)より　△DBE：△DBA：△ABC

　＝5：10：18

よって　△DBE：△ABC＝**5：18**

151 (1) 7＜2＋4　は成り立たないから，**存在しない。**

(2) 10＜7＋5　が成り立つから，**存在する。**

(3) 8＜3＋5　は成り立たないから，**存在しない。**

(4) 6＜6＋1　が成り立つから，**存在する。**

152 (1) $c>a>b$ より　$\angle\mathbf{C}>\angle\mathbf{A}>\angle\mathbf{B}$

(2) $b>a>c$ より　$\angle\mathbf{B}>\angle\mathbf{A}>\angle\mathbf{C}$

(3) $a>c>b$ より　$\angle\mathbf{A}>\angle\mathbf{C}>\angle\mathbf{B}$

153 (1) $\angle C=180^\circ-(45^\circ+60^\circ)=75^\circ$

より　$\angle C>\angle B>\angle A$

よって　$\boldsymbol{c>b>a}$

(2) $\angle C=180^\circ-(115^\circ+50^\circ)=15^\circ$

より　$\angle A>\angle B>\angle C$

よって　$\boldsymbol{a>b>c}$

154 (1) $\angle C=90^\circ$ より　$\angle C$ が最大角

また，$a<b$ より　$\angle A<\angle B$

よって　$\boldsymbol{\angle C>\angle B>\angle A}$

(2) $\angle A=120^\circ$ より　$\angle A$ が最大角

また，$b<c$ より　$\angle B<\angle C$

よって　$\boldsymbol{\angle A>\angle C>\angle B}$

155 (1) 三角形が存在するのは

$6-5<x<6+5$

が成り立つときである。

よって　$\boldsymbol{1<x<11}$

(2) 三角形が存在するのは

$(x+1)-x<7<(x+1)+x$

すなわち　$1<7<2x+1$

が成り立つときである。

ここで　$1<7$

はつねに成り立つ。

また，$7<2x+1$ より　$-2x<-6$

よって　$\boldsymbol{x>3}$

156 △ABC において，$\angle C=90^\circ$ であるから辺 AB の長さが最大である。

よって　AC<AB

△APC において，$\angle C=90^\circ$ であるから辺 AP の長さが最大である。

よって　AC<AP　……①

△ABP において，

$\angle APB=\angle C+\angle CAP>90^\circ$ であるから辺 AB の長さが最大である。

よって　AP<AB　……②

したがって，①，②より　AC<AP<AB

157 △ABC において

AB>AC より　$\angle C>\angle B$

△PBC において

$\angle PBC=\frac{1}{2}\angle B,\ \angle PCB=\frac{1}{2}\angle C$

よって，$\angle PBC<\angle PCB$ となるから

PB>PC

158 (1) 円に内接する四角形の性質より，向かい合う内角の和は 180° であるから

$\alpha=180^\circ-75^\circ=\boldsymbol{105^\circ}$

$\angle ABC$ は $\angle ADC$ の外角に等しいから

$\beta=\boldsymbol{50^\circ}$

(2) 円に内接する四角形の性質より，$\angle BAD$ は $\angle BCD$ の外角に等しいから

$\alpha=\boldsymbol{100^\circ}$

△ABD において，内角の和は 180° であるから

$\beta=180^\circ-(45^\circ+100^\circ)=\boldsymbol{35^\circ}$

(3) 円に内接する四角形の性質より，向かい合う内角の和は 180° であるから

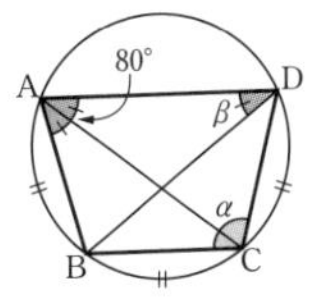

$\alpha=180^\circ-80^\circ=\boldsymbol{100^\circ}$

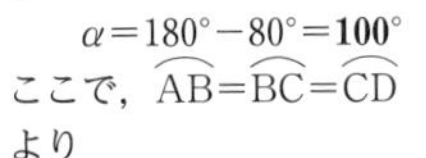

ここで，$\overset{\frown}{AB}=\overset{\frown}{BC}=\overset{\frown}{CD}$

より

$\beta=\angle BAC=\angle CAD$

$=\frac{1}{2}\times\angle BAD=\frac{1}{2}\times80^\circ=\boldsymbol{40^\circ}$

注意　$\overset{\frown}{AB}$ は弧 AB の長さのことである。

159 (ア) $\angle A+\angle C=90^\circ+70^\circ=160^\circ$

向かい合う内角の和が 180° でないから，四角形 ABCD は円に内接しない。

(イ) $\angle DAB=180^\circ-105^\circ=75^\circ$ より

$\angle DAB$ は $\angle BCD$ の外角に等しい。

ゆえに，四角形 ABCD は円に内接する。

(ウ) △BCD において内角の和は 180° であるから

$\angle C=180^\circ-(35^\circ+25^\circ)=120^\circ$

ゆえに　$\angle A+\angle C=60^\circ+120^\circ=180^\circ$

向かい合う内角の和が 180° であるから，四角形 ABCD は円に内接する。

よって，円に内接するのは

(イ), (ウ)

160 AD∥BC より　$\angle A+\angle B=180^\circ$

$\angle B=\angle C$ より　$\angle A+\angle C=180^\circ$

よって，向かい合う内角の和が 180° であるから，台形 ABCD は円に内接する。

161 (1) 四角形 ABCD は円に内接するから

$\angle BCD=180^\circ-\angle BAD=180^\circ-110^\circ=70^\circ$

また　$\angle BDC=90^\circ$　(半円周に対する円周角)

よって，△BCD において内角の和は 180° であるから

$\theta=180^\circ-(70^\circ+90^\circ)=\boldsymbol{20^\circ}$

(2)　EとFを線分で結ぶ。
四角形ABFEは円に内接するから
$\angle DEF=\angle ABF=65^\circ$
四角形CDEFも円に内接するから
$\theta=180^\circ-\angle DEF=180^\circ-65^\circ=\mathbf{115^\circ}$
(3)　△DAEにおいて内角の和は180°であるから
$\angle ADC=180^\circ-(55^\circ+20^\circ)=105^\circ$
四角形ABCDは円に内接するから
$\angle DCF=\angle DAB=55^\circ$
また，$\angle ADC=\angle DFC+\angle DCF$
であるから
$105^\circ=\theta+55^\circ$
よって　$\theta=\mathbf{50^\circ}$

162　$\angle AED+\angle AFD=180^\circ$
であるから，四角形AEDFは円に内接する。

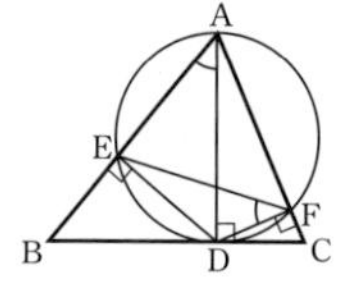

ゆえに
$\angle EAD=\angle EFD$
よって，四角形BCFEにおいて
$\angle EBC+\angle EFC$
$=\angle EBC+\angle EFD+\angle DFC$
$=\angle EBC+\angle EAD+90^\circ$
$=90^\circ+90^\circ=180^\circ$　←$\angle ADB=90^\circ$
したがって，向かい合う内角の和が180°であるから，四角形BCFEは円に内接する。
よって，4点B，C，F，Eは同一円周上にある。

163　BR=BP より　BR=2
CQ=CP より　CQ=5
ゆえに　AQ=AC−CQ=8−5=3
AR=AQ より　AR=3
よって　AB=AR+RB
=3+2=**5**

164　AR=x とすると
AQ=AR，AC=7 より
CQ=AC−AQ=7−x
よって，CP=CQ より
CP=7−x
また，AB=6 より
BR=AB−AR=6−x
よって，BP=BR より
BP=6−x
ここで，BP+CP=BC，BC=8 であるから
$(6-x)+(7-x)=8$
これを解いて　$x=\frac{5}{2}$
したがって　AR=$\mathbf{\frac{5}{2}}$

165　(1)　接線と弦のつくる角の性質より
$\theta=\mathbf{40^\circ}$
(2)　TAの延長上に点T′をとる。接線と弦のつくる角の性質より

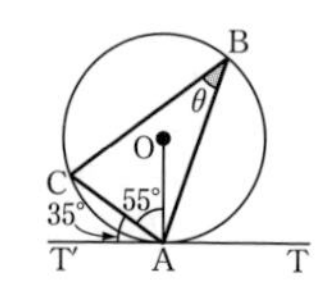

$\theta=\angle CAT'$
$=90^\circ-55^\circ=\mathbf{35^\circ}$
(3)　BCは直径であるから　$\angle CAB=90^\circ$
接線と弦のつくる角の性質より
$\angle ACB=\angle BAT=\theta$
△ABCにおいて内角の和は180°であるから
$\theta+30^\circ+90^\circ=180^\circ$
よって　$\theta=\mathbf{60^\circ}$
(4)　BCと円との交点をDとする。接線と弦のつくる角の性質より　$\angle DAB=25^\circ$
また，CDは直径であるから　$\angle CAD=90^\circ$
ゆえに　$\angle CAB=\angle CAD+\angle DAB$
$=90^\circ+25^\circ=115^\circ$
△ABCにおいて内角の和は180°であるから
$\angle ACB+\angle CAB+\theta=180^\circ$
$25^\circ+115^\circ+\theta=180^\circ$
よって　$\theta=180^\circ-140^\circ=\mathbf{40^\circ}$

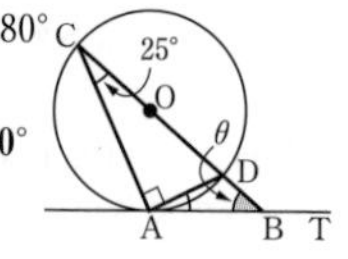

166　AP=AS=x とおく。
DR=DS=4−AS=4−x
CR=CQ=8−BQ=8−BP
=8−(7−AP)=1+AP=1+x
よって
CD=CR+DR=$(1+x)+(4-x)=\mathbf{5}$

167　(1)　接線と弦のつくる角の性質より
$\angle CAT=100^\circ$
△ACTにおいて内角の和は180°であるから
$\theta=180^\circ-(100^\circ+45^\circ)=\mathbf{35^\circ}$
(2)　接線と弦のつくる角の性質より
$\angle BAT=40^\circ$
ゆえに　$\angle DAB=180^\circ-(70^\circ+40^\circ)=70^\circ$
四角形ABCDは円Oに内接するから
$\theta=180^\circ-\angle DAB=180^\circ-70^\circ=\mathbf{110^\circ}$

(3) TA の延長上に点 T′ をとり，A と C を結ぶ線分を引く。接線と弦のつくる角の性質より

$\angle \mathrm{DCA}=\angle \mathrm{DAT'}=25^\circ$

ゆえに　$\angle \mathrm{BCA}=75^\circ-25^\circ=50^\circ$

BC＝BA より　$\angle \mathrm{BCA}=\angle \mathrm{BAC}=50^\circ$

△ABC において内角の和は 180° であるから

$\angle \mathrm{ABC}=180^\circ-2\times 50^\circ=80^\circ$

四角形 ABCD は円Oに内接するから

$\theta=180^\circ-\angle \mathrm{ABC}=180^\circ-80^\circ=\mathbf{100^\circ}$

168

四角形 AOBP において

$\angle \mathrm{OAP}=\angle \mathrm{OBP}=90^\circ$

$\angle \mathrm{AOB}=360^\circ-2\times 115^\circ$　←円周角の定理

$=130^\circ$

四角形の内角の和は 360° であるから

$\theta=360^\circ-(2\times 90^\circ+130^\circ)=\mathbf{50^\circ}$

169

円周角の定理より

$\angle \mathrm{BAP}=\angle \mathrm{BCP}$　……①

接線と弦のつくる角の性質より

$\angle \mathrm{CAP}=\angle \mathrm{CPT}$　……②

AP は ∠BAC の二等分線であるから

$\angle \mathrm{BAP}=\angle \mathrm{CAP}$　……③

①，②，③より　$\angle \mathrm{BCP}=\angle \mathrm{CPT}$

したがって　BC∥PT

170

(1) PA・PB＝PC・PD より

$x\cdot 4=6\cdot 2$

よって　$x=\mathbf{3}$

(2) PA・PB＝PC・PD より

$3\cdot(x+3)=4\cdot(4+5)$

よって　$x+3=12$

より　$x=\mathbf{9}$

171

(1) $\mathrm{PT}^2=\mathrm{PA}\cdot\mathrm{PB}$ より

$x^2=4\cdot(4+7)=44$

$x>0$ より

$x=\sqrt{44}=\mathbf{2\sqrt{11}}$

(2) $\mathrm{PA}\cdot\mathrm{PB}=\mathrm{PT}^2$ より

$3\cdot(3+x)=6^2=36$

よって　$3+x=12$

より　$x=\mathbf{9}$

(3) $\mathrm{PA}\cdot\mathrm{PB}=\mathrm{PT}^2$ より

$x\cdot(x+5)=6^2=36$

整理すると　$x^2+5x-36=0$

$(x+9)(x-4)=0$

$x>0$ より　$x=\mathbf{4}$

172

(1) PA・PB＝PC・PD より

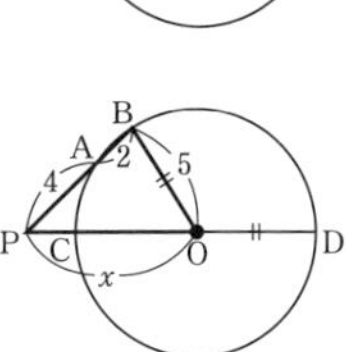

$2\cdot 5=(4-x)(4+x)$

整理すると　$10=16-x^2$

$x^2=6$

$x>0$ より　$x=\mathbf{\sqrt{6}}$

(2) 直線 OP と円の交点を C，D とする。

PA・PB＝PC・PD より

$4\cdot(4+2)$

$=(x-5)(x+5)$

整理すると　$24=x^2-25$

$x^2=49$

$x>0$ より　$x=\sqrt{49}=\mathbf{7}$

173

考え方 円 O，円 O′ それぞれについて方べきの定理を用いる。

円Oにおいて　$\mathrm{PS}^2=\mathrm{PA}\cdot\mathrm{PB}$

円 O′ において　$\mathrm{PT}^2=\mathrm{PA}\cdot\mathrm{PB}$

よって　$\mathrm{PS}^2=\mathrm{PT}^2$

$\mathrm{PS}>0$，$\mathrm{PT}>0$ より　PS＝PT

したがって，P は ST の中点である。

174

右の図のように，直線 OP と半径 5 の円の交点を C，D とすると

$\mathrm{PA}\cdot\mathrm{PB}=\mathrm{PC}\cdot\mathrm{PD}$

$=(5-3)(5+3)$

$=\mathbf{16}$

175

円Oにおいて

$\mathrm{PB}\cdot\mathrm{PA}=\mathrm{PX}^2$　……①

円 O′ において

$\mathrm{PD}\cdot\mathrm{PC}=\mathrm{PX}^2$　……②

①，②より　PB・PA＝PD・PC

したがって，方べきの定理の逆より，4 点 A，B，C，D は同一円周上にある。

参考 **方べきの定理の逆**

$PA \cdot PB = PC \cdot PD$ ……①

のとき △PAC と △PDB において

$\angle APC = \angle DPB$

①より

$PA : PD = PC : PB$

ゆえに　　△PAC∽△PDB

よって　　$\angle PAC = \angle PDB$

(i)　　(ii)

したがって，(i)では円周角の定理の逆より，(ii)では四角形が円に内接する条件より，4点 A，B，C，D は同一円周上にある。

176

2つの円が外接するとき

$r+5=8$ より　$r=3$

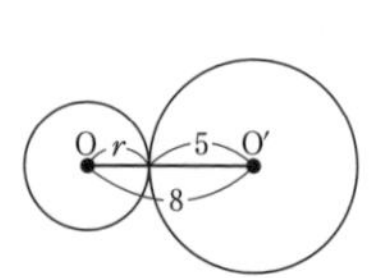

2つの円が内接するときの中心間の距離を d とすると

$d=5-r$

$=5-3=\mathbf{2}$

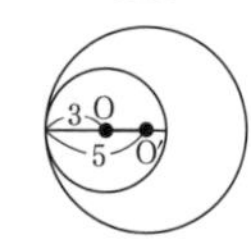

177

(1)　$13>7+4$ より，2円Oと O′ は **離れている**。よって，共通接線は **4本**。

(2)　$11=7+4$ より，2円Oと O′ は **外接する**。よって，共通接線は **3本**。

(3)　$7-4<6<7+4$ より，2円Oと O′ は **2点で交わる**。よって，共通接線は **2本**。

178

(1)　点 O′ から線分 OA に垂線 O′H をおろすと

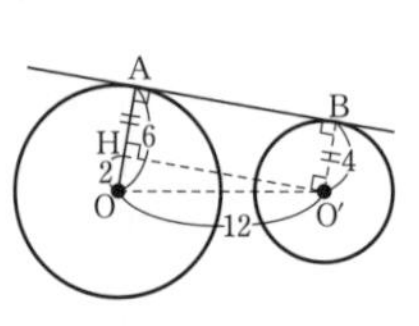

$OH = OA - O'B$

$=6-4=2$

△OO′H は直角三角形であるから

$AB = O'H = \sqrt{12^2-2^2} = \sqrt{140} = \mathbf{2\sqrt{35}}$

(2)　(1)と同様に垂線 O′H をおろすと

$AB = O'H = \sqrt{9^2-(7-4)^2} = \sqrt{81-9}$

$= \sqrt{72} = \mathbf{6\sqrt{2}}$

179

点 O′ から直線 OA に垂線 O′H をおろすと

$OH = OA + O'B$

$=4+5=9$

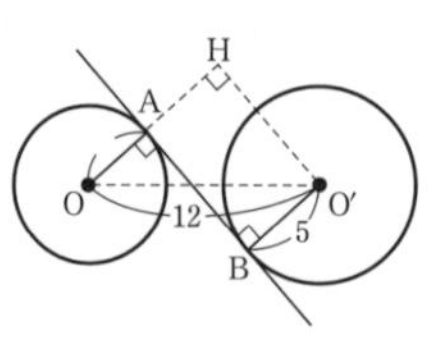

△OO′H は直角三角形であるから

$AB = O'H = \sqrt{12^2-9^2}$

$= \sqrt{144-81} = \sqrt{63} = \mathbf{3\sqrt{7}}$

180

接点Pにおける2円の共通接線を TT′ とすると，円Oにおける接線と弦のつくる角の性質より

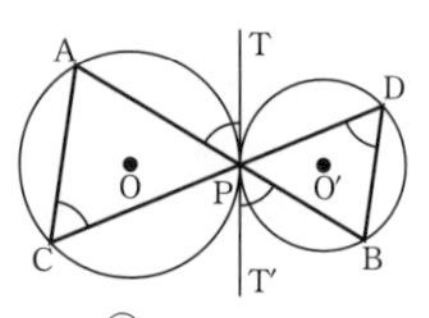

$\angle ACP = \angle APT$　　……①

円 O′ における接線と弦のつくる角の性質より

$\angle BDP = \angle BPT'$　　……②

ここで，$\angle APT = \angle BPT'$ であるから　←対頂角

①，②より　　$\angle ACP = \angle BDP$

すなわち　$\angle ACD = \angle BDC$

よって　　AC∥DB

181

1：2 に内分する点

① 点Aを通る直線 l を引き，コンパスで等間隔に3個の点 C_1，C_2，C_3 をとる。

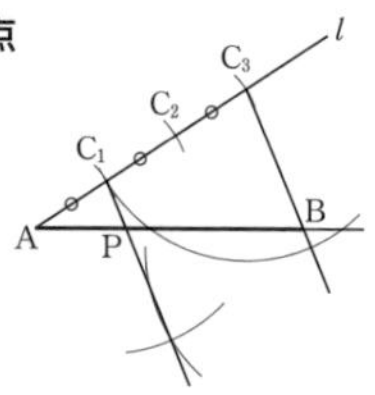

② 点 C_1 を通り，直線 C_3B に平行な直線を引き，線分 AB との交点をPとすれば，Pが求める点である。

6：1 に外分する点

① 点Aを通る直線 l を引き，コンパスで等間隔に6個の点 D_1，D_2，D_3，……，D_6 をとる。

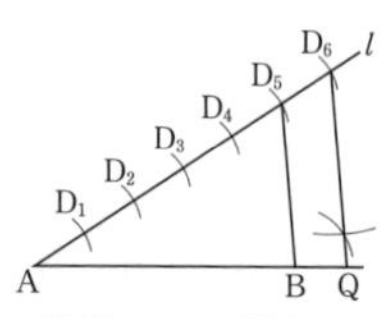

② 点 D_6 を通り，直線 D_5B に平行な直線を引き，線分 AB の延長との交点をQとすれば，Qが求める点である。

(図のように，点 D_6 を通り，直線 D_5B に平行な直線を引くには，3点 D_6，D_5，B を頂点とする平行四辺形をかいてもよい。)

182

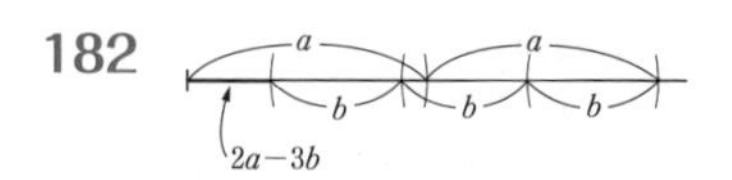

183

長さ ab の線分

① 点Oを通る直線 l，m を引き，l，m 上に $OA=a$，

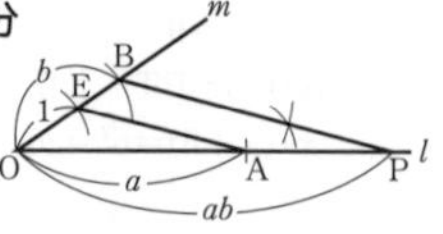

OB$=b$ となる点 A，B をそれぞれとる。

② 直線 m 上に OE$=1$ となる点Eをとる。

③ 点Bを通り，線分 EA に平行な直線を引き，l との交点をPとすれば，OP$=ab$ となる。

長さ $\dfrac{ab}{c}$ の線分

④ さらに，直線 m 上に OC$=c$ となる点Cをとる。

⑤ 点Eを通り，線分 CP に平行な直線を引き，l との交点をQとすれば，OQ$=\dfrac{ab}{c}$ となる。

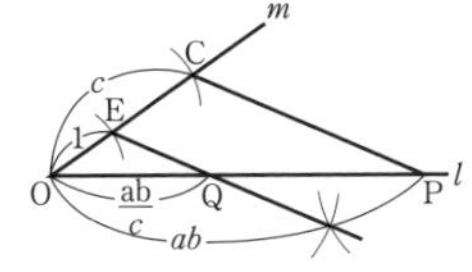

184 ① CD 上にコンパスで等間隔に 3 個の点 E_1，E_2，E_3 をとる。

② 点 E_1 を通り，直線 AE_3 に平行な直線を引き，線分 AC との交点を F とすれば，△FBC が求める三角形である。

185 ① 長さ 1 の線分 AB の延長上に，BC$=3$ となる点Cをとる。

② 線分 AC の中点Oを求め，OA を半径とする円をかく。

③ 点Bを通り，AC に垂直な直線を引き，円Oとの交点を D，D′ とすれば，BD$=$BD′$=\sqrt{3}$ である。

別解 右の図のように直角三角形をかく方法でも，長さ $\sqrt{3}$ の線分を作図できる。

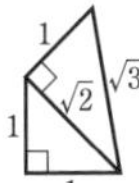

186 ① 線分 BC の延長上に CD$=$CE となる点 E をとる。

② 線分 BE を直径とする円をかき，直線 CD との交点を F，F′ とする。

③ 線分 CF を 1 辺とする正方形 FCGH が求める正方形である。

証明 上の図で，方べきの定理より

CB・CE$=$CF・CF′

であり，CE$=$CD，CF$=$CF′ であるから

CB・CD$=$CF^2

よって，長方形 ABCD の面積と正方形 FCGH の面積は等しい。

187 辺 AB と平行ではなく，交わることもない辺であればよい。

よって **CF，DF，EF**

188 (1) 2 直線 AD，BF のなす角は，2 直線 AD，AE のなす角に等しいから **90°**

(2) 2 直線 AB，EG のなす角は，2 直線 AB，AC のなす角に等しいから **45°**

(3) 2 直線 AB，DE のなす角は，2 直線 EF，DE のなす角に等しいから **90°**

(4) 2 直線 BD，CH のなす角は，2 直線 BD，BE のなす角に等しい。△BDE は正三角形であるから

∠DBE$=60°$

よって **60°**

189 (1) **平面 ABC**

(2) **平面 ADEB，平面 BEFC，平面 ADFC**

(3) ∠CAD$=90°$ であるから **90°**

(4) ∠ABC$=60°$ であるから **60°**

190 (1) **BC，EH，FG**

(2) **AB，AE，DC，DH**

(3) **BF，CG，EF，HG**

(4) **平面 BFGC，平面 EFGH**

(5) **平面 ABCD，平面 AEHD**

(6) **平面 AEFB，平面 DHGC**

191 PH⊥平面 ABC

より PH⊥BC

また AH⊥BC

よって，BC は平面 PAH 上の交わる 2 直線に垂直であるから

平面 PAH⊥BC

したがって，BC は平面 PAH 上のすべての直線に垂直であるから

PA⊥BC

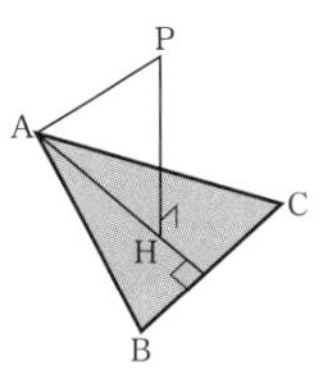

第2章 図形の性質

192 (1) AC, BE のなす角は，AC, CF のなす角に等しいから　**90°**

(2) BC, DF のなす角は，BC, AC のなす角に等しい。$\angle ACB=30°$ であるから　**30°**

(3) $\angle CBE=90°$ であるから　**90°**

(4) $\angle ACB=30°$ であるから　**30°**

193 $PA\perp\alpha$ より　$PA\perp l$

$PB\perp\beta$ より　$PB\perp l$

ゆえに，l は平面 PAB 上の交わる 2 直線 PA, PB に垂直であるから

$l\perp$平面 PAB

よって，l は平面 PAB 上のすべての直線に垂直であるから　$AB\perp l$

194 (1) $OB\perp OC$ より，$\triangle OBC$ は直角三角形である。ゆえに，三平方の定理より

$BC^2=OB^2+OC^2=(2\sqrt{3})^2+2^2=16$

よって　$BC=4$

ここで，$\triangle ODC\backsim\triangle BOC$ より

$OD:OC=OB:BC$

すなわち　$OD:2=2\sqrt{3}:4$

したがって　$OD=\sqrt{3}$

(2) $AO\perp OB$, $AO\perp OC$ より $AO\perp\triangle OBC$

また，$OD\perp BC$ であるから，

三垂線の定理より　$AD\perp BC$

(3) (2)より，$AO\perp\triangle OBC$ であるから

$\angle AOD=90°$

$\triangle AOD$ に三平方の定理を用いて

$AD^2=OA^2+OD^2$

$=1^2+(\sqrt{3})^2=4$

よって　$AD=2$

(4) $\triangle ABC=\frac{1}{2}\times BC\times AD$

$=\frac{1}{2}\times 4\times 2=4$

195 (1) $v=6$, $e=9$, $f=5$

より

$v-e+f=6-9+5$

$=2$

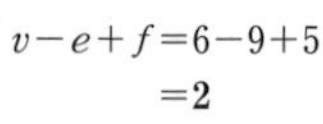

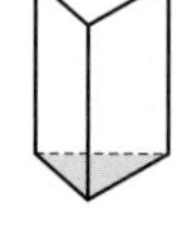

(2) $v=5$, $e=8$, $f=5$

より

$v-e+f=5-8+5$

$=2$

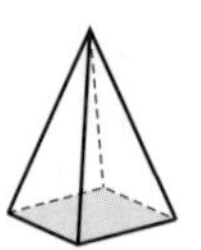

196 $v=9$, $e=16$, $f=9$　より

$v-e+f=9-16+9=2$

197 $v=\boldsymbol{n+2}$

$e=n+n+n=\boldsymbol{3n}$

$f=n+n=\boldsymbol{2n}$

よって

$v-e+f=(n+2)-3n+2n$

$=2$

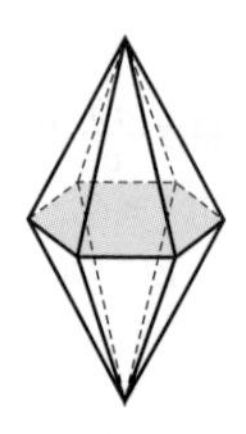

198 3 つの面が集まっている頂点と，4 つの面が集まっている頂点があるから。（正多面体は，どの頂点にも面が同じ数だけ集まっている。）

199 **正八面体**

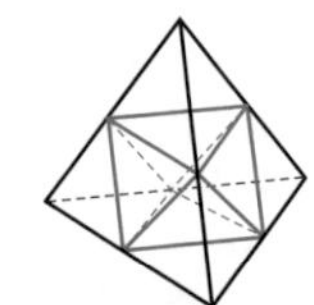

理由　この多面体の各辺は，正四面体の辺の中点を結んだ線分であるから，中点連結定理より，その長さは正四面体の辺の長さの $\frac{1}{2}$ である。

よって，この多面体の各辺の長さはすべて等しく，各面はすべて正三角形である。……①

また，この多面体のどの頂点にも 4 つの面が集まっている。……②

①，②より，この多面体は正多面体であり，面の数が 8 個あるから，正八面体である。

200 (1) 点Aから $\triangle BCD$ におろした垂線と $\triangle BCD$ の交点は，$\triangle BCD$ の外心である。ここで，$\triangle BCD$ は正三角形であるから，その外心は重心Gと一致する。辺 BC の中点を M とするとき，$AG\perp\triangle BCD$ より，$\angle AGM=90°$ である。

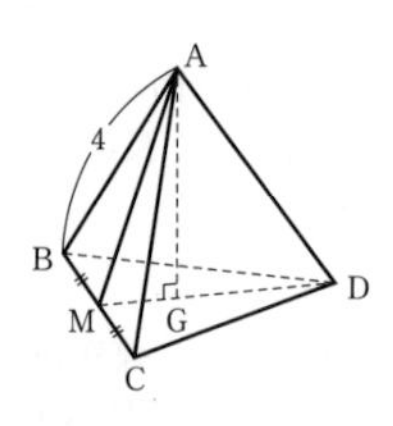

$AM=2\sqrt{3}$，$GM=\frac{1}{3}AM=\frac{2\sqrt{3}}{3}$ より

$AG^2=AM^2-GM^2$

$=(2\sqrt{3})^2-\left(\frac{2\sqrt{3}}{3}\right)^2=\frac{32}{3}$

ゆえに　$AG=\dfrac{4\sqrt{6}}{3}$

また　$\triangle BCD=\dfrac{1}{2}\times 4\times 2\sqrt{3}=4\sqrt{3}$

よって　$V=\dfrac{1}{3}\times\triangle BCD\times AG$

$=\dfrac{1}{3}\times 4\sqrt{3}\times\dfrac{4\sqrt{6}}{3}$

$=\boldsymbol{\dfrac{16\sqrt{2}}{3}}$

(2)　三角錐 OBCD の体積は

$\dfrac{1}{3}\times\triangle BCD\times r=\dfrac{1}{3}\times 4\sqrt{3}\times r=\dfrac{4\sqrt{3}}{3}r$

三角錐 OACD，三角錐 OABD，三角錐 OABC の体積も同じであるから

$V=4\times\dfrac{4\sqrt{3}}{3}r=\dfrac{16\sqrt{3}}{3}r$

よって，$\dfrac{16\sqrt{2}}{3}=\dfrac{16\sqrt{3}}{3}r$ より

$r=\dfrac{\sqrt{2}}{\sqrt{3}}=\boldsymbol{\dfrac{\sqrt{6}}{3}}$

201　(1)　$111_{(2)}=1\times 2^2+1\times 2+1\times 1$

$=4+2+1=\mathbf{7}$

(2)　$1001_{(2)}=1\times 2^3+0\times 2^2+0\times 2+1\times 1$

$=8+0+0+1=\mathbf{9}$

(3)　$10110_{(2)}=1\times 2^4+0\times 2^3+1\times 2^2+1\times 2+0\times 1$

$=16+0+4+2+0=\mathbf{22}$

202　(1)　$15=1\times 2^3+1\times 2^2$

$+1\times 2+1$

$=\mathbf{1111_{(2)}}$

2) 15
2) 7 … 1
2) 3 … 1
2) 1 … 1
　0 … 1

(2)　$33=1\times 2^5+0\times 2^4+0\times 2^3$

$+0\times 2^2+0\times 2+1$

$=\mathbf{100001_{(2)}}$

2) 33
2) 16 … 1
2) 8 … 0
2) 4 … 0
2) 2 … 0
2) 1 … 0
　0 … 1

(3)　$60=1\times 2^5+1\times 2^4+1\times 2^3$

$+1\times 2^2+0\times 2+0$

$=\mathbf{111100_{(2)}}$

2) 60
2) 30 … 0
2) 15 … 0
2) 7 … 1
2) 3 … 1
2) 1 … 1
　0 … 1

203　(1)　$143_{(5)}=1\times 5^2+4\times 5+3\times 1$

$=25+20+3=\mathbf{48}$

(2)　$13=1\times 3^2+1\times 3+1=\mathbf{111_{(3)}}$

3) 13
3) 4 … 1
3) 1 … 1
　0 … 1

204　$2100_{(3)}=2\times 3^3+1\times 3^2$

$+0\times 3+0\times 1=63$

$63=1\times 2^5+1\times 2^4+1\times 2^3+1\times 2^2$

$+1\times 2+1$

$=\mathbf{111111_{(2)}}$

2) 63
2) 31 … 1
2) 15 … 1
2) 7 … 1
2) 3 … 1
2) 1 … 1
　0 … 1

205　$123_{(n)}$ を 10 進法で表すと

$1\times n^2+2\times n+3=n^2+2n+3$

よって　$n^2+2n+3=51$

整理すると　$n^2+2n-48=0$

$(n+8)(n-6)=0$

n は 4 以上の整数であるから

$n=\mathbf{6}$

206　$abc_{(5)}$ を 10 進法で表すと

$a\times 5^2+b\times 5+c=25a+5b+c$

$cab_{(7)}$ を 10 進法で表すと

$c\times 7^2+a\times 7+b=7a+b+49c$

これらは N に等しいから

$25a+5b+c=7a+b+49c$

より　$9a+2b=24c$　……①

ここで，正の整数 a，b，c は，$a<5$，$b<5$，$c<5$ であるから

$24c\leqq 9\times 4+2\times 4=44$

ゆえに　$c=\mathbf{1}$

よって，①より　$a=\mathbf{2}$，$b=\mathbf{3}$

このとき N は

$2\times 5^2+3\times 5+1=50+15+1=\mathbf{66}$

207　(1)　$0.421_{(5)}=4\times\dfrac{1}{5}+2\times\dfrac{1}{5^2}+1\times\dfrac{1}{5^3}$

$=0.8+0.08+0.008$

$=\mathbf{0.888}$

(2)　$0.672=\dfrac{672}{1000}=\dfrac{84}{125}$

$=\dfrac{75+5+4}{125}=\dfrac{3}{5}+\dfrac{1}{25}+\dfrac{4}{125}$

$=3\times\frac{1}{5}+1\times\frac{1}{5^2}+4\times\frac{1}{5^3}=\mathbf{0.314_{(5)}}$

208 (1) $18=1\times18=(-1)\times(-18)$ より

　$1,\ 18,\ -1,\ -18$ は18の約数

$18=2\times9=(-2)\times(-9)$ より

　$2,\ 9,\ -2,\ -9$ は18の約数

$18=3\times6=(-3)\times(-6)$ より

　$3,\ 6,\ -3,\ -6$ は18の約数

よって，18のすべての約数は

1, 2, 3, 6, 9, 18, −1, −2, −3, −6, −9, −18

(2) $63=1\times63=(-1)\times(-63)$ より

　$1,\ 63,\ -1,\ -63$ は63の約数

$63=3\times21=(-3)\times(-21)$ より

　$3,\ 21,\ -3,\ -21$ は63の約数

$63=7\times9=(-7)\times(-9)$ より

　$7,\ 9,\ -7,\ -9$ は63の約数

よって，63のすべての約数は

1, 3, 7, 9, 21, 63, −1, −3, −7, −9, −21, −63

(3) $100=1\times100=(-1)\times(-100)$ より

　$1,\ 100,\ -1,\ -100$ は100の約数

$100=2\times50=(-2)\times(-50)$ より

　$2,\ 50,\ -2,\ -50$ は100の約数

$100=4\times25=(-4)\times(-25)$ より

　$4,\ 25,\ -4,\ -25$ は100の約数

$100=5\times20=(-5)\times(-20)$ より

　$5,\ 20,\ -5,\ -20$ は100の約数

$100=10\times10=(-10)\times(-10)$ より

　$10,\ -10$ は100の約数

よって，100のすべての約数は

1, 2, 4, 5, 10, 20, 25, 50, 100, −1, −2, −4, −5, −10, −20, −25, −50, −100

参考　$18=2\times3^2$，$63=3^2\times7$，$100=2^2\times5^2$ より，教科書（数学A）21ページの応用例題2の考えを用いれば，正の約数の個数は

(1) $2\times3=6$（個）　(2) $3\times2=6$（個）

(3) $3\times3=9$（個）

209 整数 a，b は7の倍数であるから，整数 k，l を用いて　$a=7k$，$b=7l$

と表される。

$$a+b=7k+7l=7(k+l)$$
$$a-b=7k-7l=7(k-l)$$

ここで，$k+l$，$k-l$ は整数であるから，$7(k+l)$，$7(k-l)$ は7の倍数である。

よって，$a+b$ と $a-b$ は7の倍数である。

210 下2桁が4の倍数であるかどうかを調べる。

① $32=4\times8$　③ $24=4\times6$

⑤ $68=4\times17$　⑥ $96=4\times24$

よって，4の倍数は　①，③，⑤，⑥

211 各位の数の和が3の倍数であるかどうかを調べる。

① $1+0+2=3$

② $3+6+9=18=3\times6$

④ $7+7+7=21=3\times7$

⑥ $6+5+4+3=18=3\times6$

よって，3の倍数は　①，②，④，⑥

212 各位の数の和が9の倍数であるかどうかを調べる。

③ $3+4+2=9$　④ $5+8+5=18=9\times2$

⑤ $3+8+8+8=27=9\times3$

よって，9の倍数は　③，④，⑤

213 1以外の約数をもつかどうかを調べる。

② $39=3\times13$　④ $56=2\times28$

⑦ $87=3\times29$　⑧ $91=7\times13$

よって，素数は　①，③，⑤，⑥

214 (1) $78=\mathbf{2\times3\times13}$

(2) $105=\mathbf{3\times5\times7}$

(3) $585=\mathbf{3^2\times5\times13}$

(4) $616=\mathbf{2^3\times7\times11}$

215 考え方　根号内の値がある自然数の2乗になるような n を考える。

(1) 27を素因数分解すると　$27=3^3$

よって，求める最小の自然数 n は

　$n=\mathbf{3}$

(2) 126を素因数分解すると

　$126=2\times3^2\times7$

よって，求める最小の自然数 n は

　$n=2\times7=\mathbf{14}$

(3) 378を素因数分解すると

　$378=2\times3^3\times7$

よって，求める最小の自然数 n は

　$n=2\times3\times7=\mathbf{42}$

216 (1) $128=2^7$ より

$1,\ 2,\ 2^2,\ 2^3,\ 2^4,\ 2^5,\ 2^6,\ 2^7$ の **8 個**

(2) $243=3^5$ より

$1,\ 3,\ 3^2,\ 3^3,\ 3^4,\ 3^5$ の **6 個**

(3) $648=2^3\times3^4$ より，648 の正の約数は

2^3 の正の約数 $1,\ 2,\ 2^2,\ 2^3$ の 1 つと

3^4 の正の約数 $1,\ 3,\ 3^2,\ 3^3,\ 3^4$ の 1 つとの積で表される。

よって，正の約数の個数は

$4\times5=$ **20（個）**

(4) $396=2^2\times3^2\times11$ より，396 の正の約数は

2^2 の正の約数 $1,\ 2,\ 2^2$ の 1 つと

3^2 の正の約数 $1,\ 3,\ 3^2$ の 1 つと

11 の正の約数 1，11 の 1 つとの積で表される。

よって，正の約数の個数は

$3\times3\times2=$ **18（個）**

217 (1) $140=2^2\times5\times7$ より，140 の 2 桁の約数は

10，14，20，28，35，70

であるから，n の

最小値は **10**，最大値は **70**

(2) 3 桁の 13 の倍数は

$13\times8,\ 13\times9,\ 13\times10,\ \cdots\cdots,\ 13\times76$

$13\times8=104,\ 13\times76=988$

であるから，n の

最小値は **104**，最大値は **988**

218 n は 3 の倍数であるから，十の位の数を x とすると，

3	x	2

x は次の①，②を満たす。

$0\leqq x\leqq9$ ……①

$3+x+2=3k$（k は整数）……②

②より　$x=3k-5$ ……③

よって，①より

$0\leqq3k-5\leqq9$

$5\leqq3k\leqq14$

k は整数であるから　$k=2,\ 3,\ 4$

③に代入すると　$x=1,\ 4,\ 7$

よって，十の位にあてはまる数は

1，4，7

219 (1) 下 2 桁が 4 の倍数 12, 24, 32 であればよい。

下 2 桁が 12 のとき　3412，4312

下 2 桁が 24 のとき　1324，3124

下 2 桁が 32 のとき　1432，4132

よって，N の

最大値は **4312**，最小値は **1324**

(2) 6 の倍数は，2 の倍数かつ 3 の倍数であるから，一の位の数が 2 または 4 で，各位の数の和が 3 の倍数であればよい。

一の位の数が 2 のとき

132，312，342，432

一の位の数が 4 のとき

234，324

よって，6 の倍数であるものは

132，234，312，324，342，432

220 (1) $12=2^2\times3$

$42=2\times3\times7$

より，最大公約数は

$2\times3=$ **6**

```
2)12  42
3) 6  21
   2   7
```

(2) $26=2\times13$

$39=3\times13$

より，最大公約数は　**13**

```
13)26  39
    2   3
```

(3) $28=2^2\times7$

$84=2^2\times3\times7$

より，最大公約数は

$2^2\times7=$ **28**

```
2)28  84
2)14  42
7) 7  21
   1   3
```

(4) $54=2\times3^3$

$72=2^3\times3^2$

より，最大公約数は

$2\times3^2=$ **18**

```
2)54  72
3)27  36
3) 9  12
   3   4
```

(5) $147=3\times7^2$

$189=3^3\times7$

より，最大公約数は

$3\times7=$ **21**

```
3)147  189
7) 49   63
    7    9
```

(6) $128=2^7$

$512=2^9$

より，最大公約数は

$2^7=$ **128**

```
2)128  512
2) 64  256
2) 32  128
2) 16   64
2)  8   32
2)  4   16
2)  2    8
    1    4
```

221 (1) $12=2^2\times3$

$20=2^2\times5$

より，最小公倍数は

$2^2\times3\times5=$ **60**

```
2)12  20
2) 6  10
   3   5
```

(2)　$18=2\times3^2$
　$24=2^3\times3$
より，最小公倍数は
　$2^3\times3^2=$**72**

```
2)18  24
3) 9  12
   3   4
```

(3)　$21=3\times7$
　$26=2\times13$
より，最小公倍数は
　$2\times3\times7\times13=$**546**

(4)　$26=2\times13$
　$78=2\times3\times13$
より，最小公倍数は
　$2\times3\times13=$**78**

```
 2)26  78
13)13  39
    1   3
```

(5)　$20=2^2\times5$
　$75=3\times5^2$
より，最小公倍数は
　$2^2\times3\times5^2=$**300**

```
5)20  75
   4  15
```

(6)　$84=2^2\times3\times7$
　$126=2\times3^2\times7$
より，最小公倍数は
　$2^2\times3^2\times7=$**252**

```
2)84  126
3)42   63
7)14   21
   2    3
```

222　正方形のタイルを縦に m 枚，横に n 枚並べて，長方形に敷き詰めるとすると
　$78=mx$，$195=nx$
よって，x の最大値は 78 と 195 の最大公約数である。
　$78=2\times3\times13$
　$195=3\times5\times13$
ゆえに，78 と 195 の最大公約数は
　$3\times13=39$
よって，x の最大値は　**39**

223　上りと下りの電車が，次に同時に発車する時刻までの間隔は，12 と 16 の最小公倍数に等しい。
　$12=2^2\times3$
　$16=2^4$
であるから，12 と 16 の最小公倍数は
　$2^4\times3=48$
よって，次に同時に発車するのは　**48 分後**

224　①　$6=2\times3$，$35=5\times7$
　より　1 以外の正の公約数をもたない。
②　$14=2\times7$，$91=7\times13$ より　最大公約数は 7
③　$57=3\times19$，$75=3\times5^2$ より　最大公約数は 3
よって，互いに素であるものは　①

225　$36=2^2\times3^2$
であるから，2 の倍数でも 3 の倍数でもなければ，36 と互いに素である。
よって
　1，5，7，11，13，17，19，23，25，29，31，35

226　(1)　$8=2^3$
　$28=2^2\times7$
　$44=2^2\times11$
より，最大公約数は
　$2^2=$**4**

```
2) 8  28  44
2) 4  14  22
   2   7  11
```

(2)　$21=3\times7$
　$42=2\times3\times7$
　$91=7\times13$
より，最大公約数は　**7**

```
7)21  42  91
   3   6  13
```

(3)　$36=2^2\times3^2$
　$54=2\times3^3$
　$90=2\times3^2\times5$
より，最大公約数は
　$2\times3^2=$**18**

```
2)36  54  90
3)18  27  45
3) 6   9  15
   2   3   5
```

227　(1)　$21=3\times7$
　$42=2\times3\times7$
　$63=3^2\times7$
より，最小公倍数は
　$2\times3^2\times7=$**126**

```
3)21  42  63
7) 7  14  21
   1   2   3
```

(2)　$24=2^3\times3$
　$40=2^3\times5$
　$90=2\times3^2\times5$
より，最小公倍数は
　$2^3\times3^2\times5=$**360**

```
2)24  40  90
2)12  20  45
2) 6  10  45
3) 3   5  45
5) 1   5  15
   1   1   3
```

(3)　$50=2\times5^2$
　$60=2^2\times3\times5$
　$72=2^3\times3^2$
より，最小公倍数は
　$2^3\times3^2\times5^2=$**1800**

```
2)50  60  72
2)25  30  36
3)25  15  18
5)25   5   6
   5   1   6
```

228　$64a=16\times448$　　$\leftarrow ab=GL$
より　$a=\dfrac{16\times448}{64}=$**112**

229　$91=7\times13$
であるから，7 の倍数でも 13 の倍数でもなければ，91 と互いに素である。
91 以下の自然数のうち，7 の倍数の個数は

7×1, 7×2, 7×3, ……, 7×13 の 13 個
13 の倍数の個数は
13×1, 13×2, 13×3, ……, 13×7 の 7 個
よって, 91 以下の自然数のうち, 91 と互いに素である自然数の個数は
$91-(13+7-1)=\mathbf{72}$ **(個)**

230 求める 2 つの正の整数を a, b とし, $a<b$ とする。
a と b の最大公約数は 15 であるから, 互いに素である 2 つの正の整数 a', b' を用いて
$a=15a'$, $b=15b'$ ……①
と表される。ただし, $0<a'<b'$ である。
このとき
$15a'\times15b'=15\times315$ ←$ab=GL$
より $a'b'=21$
ゆえに $a'=1$, $b'=21$ または $a'=3$, $b'=7$
したがって, 求める 2 つの正の整数の組は
15, 315 と 45, 105

231 (1) $\mathbf{87=7\times12+3}$
(2) $\mathbf{73=16\times4+9}$
(3) $\mathbf{163=24\times6+19}$

232 (1) $a=12\times9+4=\mathbf{112}$
(2) $190=a\times14+8$
ゆえに $14a=182$
よって $a=\mathbf{13}$

233 a は整数 k を用いて
$a=6k+5$
と表される。変形すると
$a=6k+5=3(2k+1)+2$
ここで, $2k+1$ は整数であり, $0\leqq2<3$
よって, a を 3 で割ったときの余りは **2**

234 整数 n は, 整数 k を用いて, 次のいずれかの形で表される。
$3k$, $3k+1$, $3k+2$
(i) $n=3k$ のとき
$n^2-n=(3k)^2-3k=3k(3k-1)$
(ii) $n=3k+1$ のとき
$n^2-n=(3k+1)^2-(3k+1)$
$=(3k+1)\{(3k+1)-1\}$
$=3k(3k+1)$
(iii) $n=3k+2$ のとき
$n^2-n=(3k+2)^2-(3k+2)$
$=(3k+2)\{(3k+2)-1\}$
$=(3k+2)(3k+1)$
$=9k^2+9k+2$
$=3(3k^2+3k)+2$
以上より, (i)と(ii)の場合は余り 0, (iii)の場合は余り 2 である。
よって, n^2-n を 3 で割った余りは, 0 または 2 である。

235 a, b は整数 k, l を用いて
$a=7k+6$, $b=7l+3$
と表される。
(1) $a+b=(7k+6)+(7l+3)=7k+7l+9$
$=7(k+l+1)+2$
ここで, $k+l+1$ は整数であり, $0\leqq2<7$
よって, $a+b$ を 7 で割ったときの余りは **2**
(2) $ab=(7k+6)(7l+3)$
$=49kl+21k+42l+18$
$=49kl+21k+42l+14+4$
$=7(7kl+3k+6l+2)+4$
ここで, $7kl+3k+6l+2$ は整数であり,
$0\leqq4<7$
よって, ab を 7 で割ったときの余りは **4**
(3) $a-b=(7k+6)-(7l+3)=7k-7l+3$
$=7(k-l)+3$
ここで, $k-l$ は整数であり, $0\leqq3<7$
よって, $a-b$ を 7 で割ったときの余りは **3**
(4) $b-a=(7l+3)-(7k+6)=7l-7k-3$
$=7l-7k-7+4$
$=7(l-k-1)+4$
ここで, $l-k-1$ は整数であり, $0\leqq4<7$
よって, $b-a$ を 7 で割ったときの余りは **4**

236 整数 a と正の整数 b について
$a=bq+r$ ただし, $0\leqq r<b$
となる整数 q と r が, a を b で割ったときの商と余りである。
$-26=7q+r$
を満たす q と r は, $0\leqq r<7$ より
$-26=7\times(-4)+2$
よって, 商は **−4**, 余りは **2** である。

237 $a+b$, ab は整数 k, l を用いて
$a+b=5k+1$, $ab=5l+4$
と表される。よって

$a^2+b^2=(a+b)^2-2ab$
$=(5k+1)^2-2(5l+4)$
$=25k^2+10k+1-10l-8$
$=25k^2+10k-10l-7$
$=5(5k^2+2k-2l-2)+3$

ここで，$5k^2+2k-2l-2$ は整数であり，$0 \leqq 3 < 5$
よって，a^2+b^2 を 5 で割った余りは　**3**

238

考え方　(2)「a，b とも 3 の倍数でない」と仮定し，背理法を用いる。

(1)　整数 n は，整数 k を用いて，次のいずれかの形で表される。

$3k$，$3k+1$，$3k+2$

(i)　$n=3k$ のとき
$n^2=(3k)^2=9k^2=3\times 3k^2$

(ii)　$n=3k+1$ のとき
$n^2=(3k+1)^2=9k^2+6k+1$
$=3(3k^2+2k)+1$

(iii)　$n=3k+2$ のとき
$n^2=(3k+2)^2=9k^2+12k+4$
$=3(3k^2+4k+1)+1$

ゆえに，(i)の場合は余り 0，
(ii)，(iii)の場合は余り 1
よって，n^2 を 3 で割ったときの余りは 2 にならない。

(2)　$a^2+b^2=c^2$ を満たすとき，「a，b とも 3 の倍数でない。」と仮定する。
このとき，(1)の証明の(ii)，(iii)より，a^2，b^2 を 3 で割った余りは 1 である。ゆえに，整数 s，t を用いて

$a^2=3s+1$，$b^2=3t+1$

と表される。

$a^2+b^2=(3s+1)+(3t+1)=3(s+t)+2$

よって，a^2+b^2 を 3 で割った余りは 2 である。
一方，(1)より c^2 を 3 で割ったときの余りは 2 にならない。すなわち

$a^2+b^2 \neq c^2$

これは，$a^2+b^2=c^2$ に矛盾する。
したがって，$a^2+b^2=c^2$ を満たすとき，a，b のうち少なくとも一方は 3 の倍数である。

239

(1)　$n^2+n+1=n(n+1)+1$
$n(n+1)$ は連続する 2 つの整数の積であるから 2 の倍数であり，整数 k を用いて

$n(n+1)=2k$

と表される。よって

$n^2+n+1=2k+1$

したがって，n^2+n+1 は奇数である。

(2)　$n^3+5n=n(n^2-1)+6n$
$=n(n+1)(n-1)+6n$
$=(n-1)n(n+1)+6n$

$(n-1)n(n+1)$ は連続する 3 つの整数の積であるから 6 の倍数であり，整数 k を用いて

$(n-1)n(n+1)=6k$

と表される。よって

$n^3+5n=6k+6n=6(k+n)$

$k+n$ は整数であるから，n^3+5n は 6 の倍数である。

240

(1)　積が 5 となる 2 つの整数は，
1 と 5 または -1 と -5 であるから

$(x+2,\ y-4)=(1,\ 5)$，$(-1,\ -5)$，
$(5,\ 1)$，$(-5,\ -1)$

よって

$\boldsymbol{(x,\ y)=(-1,\ 9),\ (-3,\ -1),}$
$\boldsymbol{(3,\ 5),\ (-7,\ 3)}$

(2)　$xy-2x+y+3=0$ を変形すると

$(x+1)(y-2)+2+3=0$ より
$(x+1)(y-2)=-5$

積が -5 となる 2 つの整数は，
1 と -5 または -1 と 5 であるから

$(x+1,\ y-2)=(1,\ -5)$，$(-5,\ 1)$，
$(-1,\ 5)$，$(5,\ -1)$

よって

$\boldsymbol{(x,\ y)=(0,\ -3),\ (-6,\ 3),}$
$\boldsymbol{(-2,\ 7),\ (4,\ 1)}$

(3)　$x \neq 0$，$y \neq 0$ より

$\dfrac{1}{x}+\dfrac{1}{y}=\dfrac{1}{3}$ の両辺に $3xy$ を掛けると

$3y+3x=xy$
$xy-3x-3y=0$
$(x-3)(y-3)-9=0$
$(x-3)(y-3)=9$

積が 9 となる 2 つの整数は，
1 と 9，-1 と -9，3 と 3，-3 と -3
である。
また，$x \neq 0$，$y \neq 0$ より

$x-3 \neq -3$，$y-3 \neq -3$

よって

$(x-3,\ y-3)$
$=(1,\ 9)$，$(9,\ 1)$，$(-1,\ -9)$，$(-9,\ -1)$，$(3,\ 3)$

したがって

$(\boldsymbol{x},\ \boldsymbol{y})=(\mathbf{4},\ \mathbf{12}),\ (\mathbf{12},\ \mathbf{4}),\ (\mathbf{2},\ \mathbf{-6}),$
$(\mathbf{-6},\ \mathbf{2}),\ (\mathbf{6},\ \mathbf{6})$

241 $135=15\times9$ より
ア：**9**　イ：**0**　ウ：**15**

242 $133=91\times1+42$　ア：**42**
$91=42\times2+7$　イ：**7**
$42=7\times6$　ウ：**0**
エ：**7**

243 $897=208\times4+65$　ア：**4**，イ：**65**
$208=65\times3+13$　ウ：**3**，エ：**13**
$65=13\times5$　オ：**5**
カ：**13**

244 (1) $273=63\times4+21$
$63=21\times3$
よって　**21**

(2) $319=99\times3+22$
$99=22\times4+11$
$22=11\times2$
よって　**11**

(3) $325=143\times2+39$
$143=39\times3+26$
$39=26\times1+13$
$26=13\times2$
よって　**13**

(4) $414=138\times3$
よって　**138**

(5) $570=133\times4+38$
$133=38\times3+19$
$38=19\times2$
よって　**19**

(6) $615=285\times2+45$
$285=45\times6+15$
$45=15\times3$
よって　**15**

245 (1) $312=182\times1+130$
$182=130\times1+52$
$130=52\times2+26$
$52=26\times2$
よって，最大公約数は　**26**
ここで，最小公倍数を L とすると
$312\times182=26L$　←$ab=GL$
したがって
$$L=\frac{312\times182}{26}=\mathbf{2184}$$

(2) $816=374\times2+68$
$374=68\times5+34$
$68=34\times2$
よって，最大公約数は　**34**
ここで，最小公倍数を L とすると
$816\times374=34L$　←$ab=GL$
したがって
$$L=\frac{816\times374}{34}=\mathbf{8976}$$

246 $an=1424$，$bn=623$
よって，n の最大値は，1424 と 623 の最大公約数に等しい。
$1424=623\times2+178$
$623=178\times3+89$
$178=89\times2$
したがって，1424 と 623 の最大公約数，すなわち n の最大値は　**89**
このとき
$$a=\frac{1424}{89}=\mathbf{16},\ b=\frac{623}{89}=\mathbf{7}$$

247 縦も横も等しい間隔 x m で，縦に $m+1$ 本，横に $n+1$ 本の木を植えるとすると
$mx=448$，$nx=1204$
よって，木と木の間隔 x の最大値は，
448 と 1204 の最大公約数に等しい。
$1204=448\times2+308$
$448=308\times1+140$
$308=140\times2+28$
$140=28\times5$
よって，448 と 1204 の最大公約数は　28
したがって，木と木の間隔は最大で　**28 m**

248 (1) $3x-4y=0$ より　$3x=4y$
3 と 4 は互いに素であるから
$\boldsymbol{x=4k,\ y=3k}$　（**k は整数**）

(2) $9x-2y=0$ より　$9x=2y$
9 と 2 は互いに素であるから
$\boldsymbol{x=2k,\ y=9k}$　（**k は整数**）

(3) $2x+5y=0$ より　$2x=-5y$
2 と 5 は互いに素であるから

$\boldsymbol{x=5k,\ y=-2k}$ （$\boldsymbol{k}$**は整数**）

(4) $4x+9y=0$ より　$4x=-9y$

4 と 9 は互いに素であるから

$\boldsymbol{x=9k,\ y=-4k}$ （$\boldsymbol{k}$**は整数**）

(5) $12x+7y=0$ より　$12x=-7y$

12 と 7 は互いに素であるから

$\boldsymbol{x=7k,\ y=-12k}$ （$\boldsymbol{k}$**は整数**）

(6) $8x-15y=0$ より　$8x=15y$

8 と 15 は互いに素であるから

$\boldsymbol{x=15k,\ y=8k}$ （$\boldsymbol{k}$**は整数**）

249 (1) $2y=1-3x$

より，$1-3x$ が偶数となるように x をとると

$\boldsymbol{x=1,\ y=-1}$

(2) $4x=5y+1$

より，$5y+1$ が偶数となるように y をとると

$\boldsymbol{x=-1,\ y=-1}$

(3) $5y=-7x+1$

より，$-7x+1$ が 5 の倍数となるように x をとると　$\boldsymbol{x=-2,\ y=3}$

(4) $5x=4y+2$

より，$4y+2$ が 5 の倍数となるように y をとると　$\boldsymbol{x=2,\ y=2}$

(5) $13y=-4x+3$

より，$-4x+3$ が 13 の倍数となるように x をとると　$\boldsymbol{x=4,\ y=-1}$

(6) $11x=6y+4$

より，$6y+4$ が 11 の倍数となるように y をとると　$\boldsymbol{x=2,\ y=3}$

250 (1) $2x+5y=1$ ……①

の整数解を 1 つ求めると

$x=-2,\ y=1$

これを①の左辺に代入すると

$2\times(-2)+5\times1=1$ ……②

①−② より

$2(x+2)+5(y-1)=0$

$2(x+2)=-5(y-1)$

2 と 5 は互いに素であるから，整数 k を用いて

$x+2=5k,\ y-1=-2k$

と表される。

よって，すべての整数解は

$\boldsymbol{x=5k-2,\ y=-2k+1}$ （$\boldsymbol{k}$**は整数**）

(2) $3x-8y=1$ ……①

の整数解を 1 つ求めると

$x=3,\ y=1$

これを①の左辺に代入すると

$3\times3-8\times1=1$ ……②

①−② より

$3(x-3)-8(y-1)=0$

$3(x-3)=8(y-1)$

3 と 8 は互いに素であるから，整数 k を用いて

$x-3=8k,\ y-1=3k$

と表される。

よって，すべての整数解は

$\boldsymbol{x=8k+3,\ y=3k+1}$ （$\boldsymbol{k}$**は整数**）

(3) $11x+7y=1$ ……①

の整数解を 1 つ求めると

$x=2,\ y=-3$

これを①の左辺に代入すると

$11\times2+7\times(-3)=1$ ……②

①−② より

$11(x-2)+7(y+3)=0$

$11(x-2)=-7(y+3)$

11 と 7 は互いに素であるから，整数 k を用いて

$x-2=7k,\ y+3=-11k$

と表される。

よって，すべての整数解は

$\boldsymbol{x=7k+2,\ y=-11k-3}$ （$\boldsymbol{k}$**は整数**）

(4) $2x-5y=3$ ……①

の整数解を 1 つ求めると

$x=4,\ y=1$

これを①の左辺に代入すると

$2\times4-5\times1=3$ ……②

①−② より

$2(x-4)-5(y-1)=0$

$2(x-4)=5(y-1)$

2 と 5 は互いに素であるから，整数 k を用いて

$x-4=5k,\ y-1=2k$

と表される。

よって，すべての整数解は

$\boldsymbol{x=5k+4,\ y=2k+1}$ （$\boldsymbol{k}$**は整数**）

(5) $3x+7y=6$ ……①

の整数解を 1 つ求めると

$x=2,\ y=0$

これを①の左辺に代入すると

$3\times2+7\times0=6$ ……②

①−② より

$3(x-2)+7y=0$

$3(x-2)=-7y$

3 と 7 は互いに素であるから，整数 k を用いて

$x-2=7k,\ y=-3k$

と表される。

よって，すべての整数解は

$x=7k+2$，$y=-3k$ （kは整数）

(6) $17x-3y=2$ ……①

の整数解を 1 つ求めると

$x=1$，$y=5$

これを①の左辺に代入すると

$17\times1-3\times5=2$ ……②

①−② より

$17(x-1)-3(y-5)=0$

$17(x-1)=3(y-5)$

17 と 3 は互いに素であるから，整数kを用いて

$x-1=3k$，$y-5=17k$

と表される。

よって，すべての整数解は

$x=3k+1$，$y=17k+5$ （kは整数）

251 (1) $17x-19y=1$

$19=17\times1+2$ より　$2=19-17\times1$ ……①

$17=2\times8+1$ より　$1=17-2\times8$ ……②

②より　$17-2\times8=1$ ……③

③の 2 を①で置きかえると

$17-(19-17\times1)\times8=1$

$17\times9-19\times8=1$

よって，$17x-19y=1$ の整数解の 1 つは

$x=9$，$y=8$

(2) $34x-27y=1$

$34=27\times1+7$ より　$7=34-27\times1$ ……①

$27=7\times3+6$ より　$6=27-7\times3$ ……②

$7=6\times1+1$ より　$1=7-6\times1$ ……③

③より　$7-6\times1=1$ ……④

④の 6 を②で置きかえると

$7-(27-7\times3)\times1=1$

$7\times4-27\times1=1$ ……⑤

⑤の 7 を①で置きかえると

$(34-27\times1)\times4-27\times1=1$

$34\times4-27\times5=1$

よって，$34x-27y=1$ の整数解の 1 つは

$x=4$，$y=5$

(3) $31x+67y=1$

$67=31\times2+5$ より　$5=67-31\times2$ ……①

$31=5\times6+1$ より　$1=31-5\times6$ ……②

②より　$31-5\times6=1$ ……③

③の 5 を①で置きかえると

$31-(67-31\times2)\times6=1$

$31\times13-67\times6=1$

$31\times13+67\times(-6)=1$

よって，$31x+67y=1$ の整数解の 1 つは

$x=13$，$y=-6$

(4) $90x+61y=1$

$90=61\times1+29$ より　$29=90-61\times1$ ……①

$61=29\times2+3$ より　$3=61-29\times2$ ……②

$29=3\times9+2$ より　$2=29-3\times9$ ……③

$3=2\times1+1$ より　$1=3-2\times1$ ……④

④より　$3-2\times1=1$ ……⑤

⑤の 2 を③で置きかえると

$3-(29-3\times9)\times1=1$

$3\times10-29\times1=1$ ……⑥

⑥の 3 を②で置きかえると

$(61-29\times2)\times10-29\times1=1$

$61\times10-29\times21=1$ ……⑦

⑦の 29 を①で置きかえると

$61\times10-(90-61\times1)\times21=1$

$61\times31-90\times21=1$

$90\times(-21)+61\times31=1$

よって，$90x+61y=1$ の整数解の 1 つは

$x=-21$，$y=31$

252 (1) $17x-19y=2$ ……①

$17x-19y=1$ の整数解の 1 つは

$x=9$，$y=8$ であるから

$17\times9-19\times8=1$

両辺を 2 倍して

$17\times18-19\times16=2$ ……②

①−② より

$17(x-18)-19(y-16)=0$

$17(x-18)=19(y-16)$

17 と 19 は互いに素であるから，整数kを用いて

$x-18=19k$，$y-16=17k$

と表される。

よって，すべての整数解は

$x=19k+18$，$y=17k+16$ （kは整数）

(2) $34x-27y=3$ ……①

$34x-27y=1$ の整数解の 1 つは

$x=4$，$y=5$ であるから

$34\times4-27\times5=1$

両辺を 3 倍して

$34\times12-27\times15=3$ ……②

①−② より

$34(x-12)-27(y-15)=0$

$34(x-12)=27(y-15)$

34 と 27 は互いに素であるから，整数kを用いて

$x-12=27k,\ y-15=34k$

と表される。

よって，すべての整数解は

$\boldsymbol{x=27k+12,\ y=34k+15}$ **（$\boldsymbol{k}$は整数）**

(3) $31x+67y=4$ ……①

$31x+67y=1$ の整数解の1つは

$x=13,\ y=-6$ であるから

$31\times13+67\times(-6)=1$

両辺を4倍して

$31\times52+67\times(-24)=4$ ……②

①−② より

$31(x-52)+67(y+24)=0$

$31(x-52)=-67(y+24)$

31と67は互いに素であるから，整数kを用いて

$x-52=67k,\ y+24=-31k$

と表される。

よって，すべての整数解は

$\boldsymbol{x=67k+52,\ y=-31k-24}$ **（$\boldsymbol{k}$は整数）**

(4) $90x+61y=2$ ……①

$90x+61y=1$ の整数解の1つは

$x=-21,\ y=31$ であるから

$90\times(-21)+61\times31=1$

両辺を2倍して

$90\times(-42)+61\times62=2$ ……②

①−② より

$90(x+42)+61(y-62)=0$

$90(x+42)=-61(y-62)$

90と61は互いに素であるから，整数kを用いて

$x+42=61k,\ y-62=-90k$

と表される。

よって，すべての整数解は

$\boldsymbol{x=61k-42,\ y=-90k+62}$ **（$\boldsymbol{k}$は整数）**

253

$x,\ y$は0以上の整数で次の式を満たす。

$90x+120y=1500$

両辺を30で割ると

$3x+4y=50$ ……①

①の整数解の1つは，$x=10,\ y=5$ であるから

$3\times10+4\times5=50$ ……②

①−② より

$3(x-10)+4(y-5)=0$

$3(x-10)=-4(y-5)$

3と4は互いに素であるから，整数kを用いて

$x-10=4k,\ y-5=-3k$

と表される。

ゆえに

$x=4k+10,\ y=-3k+5$ （kは整数）

$x,\ y$は0以上の整数であるから

$4k+10\geqq0,\ -3k+5\geqq0$

より　$-\dfrac{5}{2}\leqq k\leqq\dfrac{5}{3}$

よって　$k=-2,\ -1,\ 0,\ 1$

したがって，求める菓子A，Bの個数の組は

$\boldsymbol{(x,\ y)=(2,\ 11),\ (6,\ 8),\ (10,\ 5),\ (14,\ 2)}$

254

(1) $6x+3y=1$

$x,\ y$が整数のとき，左辺は

$6x+3y=3(2x+y)$

より3の倍数であるが，右辺の1は3の倍数でないから，等号は成り立たない。

よって，$6x+3y=1$ を満たす整数解は **ない。**

(2) $4x-2y=2$

両辺を2で割ると

$2x-y=1$

$y=2x-1$

よって，$4x-2y=2$ を満たすすべての整数解は

$\boldsymbol{x=k,\ y=2k-1}$ **（$\boldsymbol{k}$は整数）**

(3) $3x-6y=3$

両辺を3で割ると

$x-2y=1$

$x=2y+1$

よって，$3x-6y=3$ を満たすすべての整数解は

$\boldsymbol{x=2k+1,\ y=k}$ **（$\boldsymbol{k}$は整数）**

(4) $4x+8y=3$

$x,\ y$が整数のとき，左辺は

$4x+8y=4(x+2y)$

より4の倍数であるが，右辺の3は4の倍数でないから，等号は成り立たない。

よって，$4x+8y=3$ を満たす整数解は **ない。**

255

(1) $x+4y+7z=16$ より

$x+4y=16-7z$ ……①

$x,\ y$は1以上の整数であるから　$x+4y\geqq5$

よって，①より

$16-7z\geqq5$

$7z\leqq11$

zは1以上の整数であるから　$z=1$

①に $z=1$ を代入すると

$x+4y=9$ ……②

②を満たす正の整数$x,\ y$の組は

$(x,\ y)=(1,\ 2),\ (5,\ 1)$

よって，求める正の整数 x，y，z の組は

$\boldsymbol{(x,\ y,\ z)=(1,\ 2,\ 1),\ (5,\ 1,\ 1)}$

(2) $x+7y+2z=15$ より

$x+2z=15-7y$ ……①

x，z は正の整数であるから　$x+2z\geqq3$

よって，①より

$15-7y\geqq3$

$7y\leqq12$

y は1以上の整数であるから　$y=1$

①に $y=1$ を代入して

$x+2z=8$ ……②

②を満たす正の整数 x，z の組は

$(x,\ z)=(2,\ 3),\ (4,\ 2),\ (6,\ 1)$

よって，求める正の整数 x，y，z の組は

$\boldsymbol{(x,\ y,\ z)}$

$\boldsymbol{=(2,\ 1,\ 3),\ (4,\ 1,\ 2),\ (6,\ 1,\ 1)}$

256 ① $39-7=32=2\times16$

であるから，正しい。

② $22-53=-31$

であるから，正しくない。

③ $37-27=10$

であるから，正しくない。

④ $128-32=96=8\times12$

であるから，正しい。

よって，正しいのは　①，④

257 (1) $34\equiv1\ (\mathrm{mod}\,3)$，$71\equiv2\ (\mathrm{mod}\,3)$

よって　$34\times71\equiv1\times2=2\ (\mathrm{mod}\,3)$　← $ac\equiv bd\ (\mathrm{mod}\,m)$

より，余り　**2**

(2) $41\equiv2\ (\mathrm{mod}\,3)$，$83\equiv2\ (\mathrm{mod}\,3)$

よって　$41\times83\equiv2\times2=4\equiv1\ (\mathrm{mod}\,3)$　← $ac\equiv bd\ (\mathrm{mod}\,m)$

より，余り　**1**

(3) $51\equiv0\ (\mathrm{mod}\,3)$，$112\equiv1\ (\mathrm{mod}\,3)$

よって　$51\times112\equiv0\times1=0\ (\mathrm{mod}\,3)$　← $ac\equiv bd\ (\mathrm{mod}\,m)$

より，余り　**0**

258 (1) $4\equiv1\ (\mathrm{mod}\,3)$

よって　$4^5\equiv1^5=1\ (\mathrm{mod}\,3)$　← $a^n\equiv b^n\ (\mathrm{mod}\,m)$

より，余り　**1**

(2) $5\equiv2\ (\mathrm{mod}\,3)$

よって　$5^6\equiv2^6\ (\mathrm{mod}\,3)$　← $a^n\equiv b^n\ (\mathrm{mod}\,m)$

ここで，$2^6=64\equiv1\ (\mathrm{mod}\,3)$ であるから

$5^6\equiv1\ (\mathrm{mod}\,3)$

より，余り　**1**

259 (1) $35\equiv2\ (\mathrm{mod}\,3)$　より　**2，5，8**

(2) $75\equiv3\ (\mathrm{mod}\,4)$ より　**3，7**

(3) $41\equiv1\ (\mathrm{mod}\,5)$ より　**1，6**

(4) $84\equiv0\ (\mathrm{mod}\,6)$ より　**6**

260 (1) $17\equiv2\ (\mathrm{mod}\,3)$，$47\equiv2\ (\mathrm{mod}\,3)$，

$59\equiv2\ (\mathrm{mod}\,3)$

よって

$17\times47\times59\equiv2\times2\times2=8\equiv2\ (\mathrm{mod}\,3)$

より，余り　**2**

(2) $7\equiv1\ (\mathrm{mod}\,3)$

よって　$2^4\times7^3\equiv2^4\times1^3\ (\mathrm{mod}\,3)$

ここで，$2^4\times1^3=16\equiv1\ (\mathrm{mod}\,3)$ であるから

$2^4\times7^3\equiv1\ (\mathrm{mod}\,3)$

より，余り　**1**

261 (1) $25\equiv4\ (\mathrm{mod}\,7)$，$44\equiv2\ (\mathrm{mod}\,7)$

ゆえに　$25\times44\equiv4\times2=8\equiv1\ (\mathrm{mod}\,7)$

また　$69\equiv6\ (\mathrm{mod}\,7)$

よって

$(25\times44)+69\equiv1+6=7\equiv0\ (\mathrm{mod}\,7)$

より，余り　**0**

(2) $37\equiv2\ (\mathrm{mod}\,7)$，$61\equiv5\ (\mathrm{mod}\,7)$

ゆえに　$37^2\equiv2^2=4\ (\mathrm{mod}\,7)$

$61^2\equiv5^2=25\equiv4\ (\mathrm{mod}\,7)$

よって　$37^2+61^2\equiv4+4=8\equiv1\ (\mathrm{mod}\,7)$

より，余り　**1**

262 (1) (i) $n=1$ のとき

$3^1=3\equiv3\ (\mathrm{mod}\,4)$

(ii) $n\geqq2$ のとき

ある自然数 m を用いて $n=2m$ または

$n=2m+1$ と表される。

$n=2m$ のとき

$3^2=9\equiv1\ (\mathrm{mod}\,4)$ より

$3^{2m}=(3^2)^m=9^m\equiv1^m=1\ (\mathrm{mod}\,4)$

$n=2m+1$ のとき

$3^{2m+1}=3^{2m}\times3\equiv1\times3=3\ (\mathrm{mod}\,4)$

(i)，(ii)より，3^n を4で割ったときの余りは1または3である。

(2) (1)より　$3^{2n+1}+1\equiv3+1=4\equiv0\ (\mathrm{mod}\,4)$

よって　$3^{2n+1}+1$ は4の倍数である。

263 n を5で割ったときの余りは

0，1，2，3，4のいずれかである。

(i)　$n\equiv0\pmod5$ のとき
　　$n^2\equiv0^2=0\pmod5$
(ii)　$n\equiv1\pmod5$ のとき
　　$n^2\equiv1^2=1\pmod5$
(iii)　$n\equiv2\pmod5$ のとき
　　$n^2\equiv2^2=4\pmod5$
(iv)　$n\equiv3\pmod5$ のとき
　　$n^2\equiv3^2=9\equiv4\pmod5$
(v)　$n\equiv4\pmod5$ のとき
　　$n^2\equiv4^2=16\equiv1\pmod5$
よって，n^2 を5で割ったときの余りは0，1，4のいずれかである。

264　(1)　$\triangle ABC \backsim \triangle DEF$ より
　　$6:2=x:1.5$
ゆえに　$2x=9$
よって　$x=\mathbf{\frac{9}{2}}$
また　$6:2=5:y$
ゆえに　$6y=10$
よって　$y=\mathbf{\frac{5}{3}}$
(2)　$\triangle ABC \backsim \triangle DEF$ より　$4:7=x:5$
ゆえに　$7x=20$
よって　$x=\mathbf{\frac{20}{7}}$
また　$4:7=3:y$
ゆえに　$4y=21$
よって　$y=\mathbf{\frac{21}{4}}$

265　右の図において，$\triangle ABC \backsim \triangle DEF$ である。
ゆえに
　$BC:EF=AC:DF$
すなわち
　$24:0.6=AC:1.8$
より　$0.6\times AC=24\times1.8$
よって　$AC=72$
したがって，ビルの高さは
　72 m

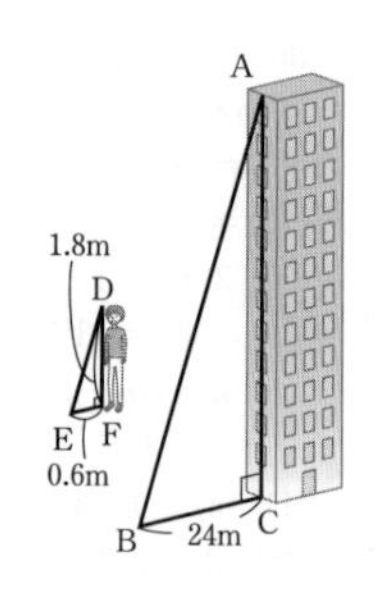

266　(1)　三平方の定理より　$x^2+2^2=4^2$
$x>0$ であるから
　$x=\sqrt{4^2-2^2}=\sqrt{12}=\mathbf{2\sqrt{3}}$

(2)　三平方の定理より　$x^2+x^2=5^2$
$x>0$ であるから
　$x=\sqrt{\frac{25}{2}}=\frac{5}{\sqrt{2}}=\mathbf{\frac{5\sqrt{2}}{2}}$

267　右の図において，花火が開いた位置Bから音が聞こえた地点Aまでの距離ABは

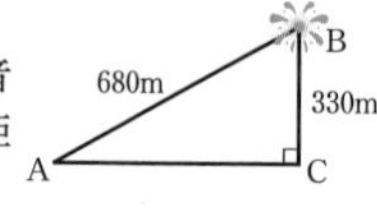

　$AB=340\times2=680$ (m)
ゆえに，打ち上げ地点をCとすると，三平方の定理より
　$AC^2+330^2=680^2$
よって
　$AC=\sqrt{680^2-330^2}$
　　$=\sqrt{353500}\fallingdotseq594.55$
したがって　**595 m**

268
　$PT=\sqrt{(6378+0.15)^2-6378^2}$
　　$=\sqrt{1913.4225}\fallingdotseq43.74$
よって　**43.7 km**

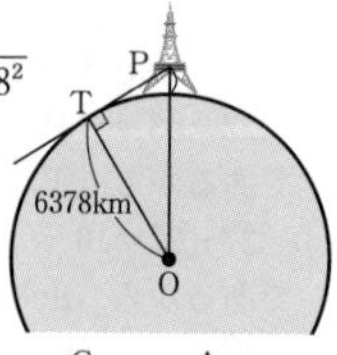

269

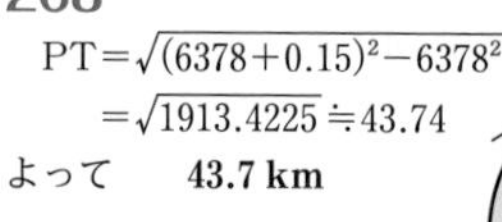

270　**B(3, 2)，C(−3, −2)，D(−3, 2)**

271　**P(3, 2, 4)，Q(3, 2, 0)，R(0, 2, 4)，S(3, 0, 4)，T(−3, 2, 4)**

272　①　三平方の定理より，坂の垂直距離は
　$\sqrt{703^2-700^2}=\sqrt{4209}=64.8768\cdots\cdots$
このとき，坂の勾配は $\frac{64.8768\cdots\cdots}{700}\fallingdotseq0.093$
この値は $\frac{1}{12}=0.08333\cdots\cdots$ より大きい。
よって，基準を **満たしていない。**
②　三平方の定理より，坂の垂直距離は
　$\sqrt{602^2-600^2}=\sqrt{2404}=49.0306\cdots\cdots$
このとき，坂の勾配は $\frac{49.0306\cdots\cdots}{600}\fallingdotseq0.082$
この値は $\frac{1}{12}=0.08333\cdots\cdots$ より小さい。
よって，基準を **満たしている。**